AUTOR: GERD LUDWIG | FOTOS: REGINA KUHN

RATTEN

INHALT

4 RATTEN KENNENLERNEN

5 Faszination Ratte
6 Von Ratten und Menschen
6 Kulturfolger Ratte
7 Haus- und Wanderratte im Vergleich
8 Was Sie über Ratten wissen sollten
8 Hauptsache im Rudel
8 Info: Offen für Beziehungen
10 Der Start ins Rattenleben
10 Woher bekomme ich meine Ratten?
11 Single oder Gruppe?
11 Männchen oder Weibchen?
11 **Experten-Tipp:** Entscheidungshilfen vor dem Kauf
12 Die schönsten und beliebtesten Rassen
14 **Auf einen Blick:** Anatomie und Sinne

16 DAS BRAUCHEN RATTEN

17 Die wichtigsten Tipps für den Kauf
18 Checkliste: Gesundheit und Fitness
19 Das Wohlfühlheim für Ihre Ratten
20 Fertig gekauft oder selbst gebaut?
20 Info: Sicher vor Zugluft geschützt
22 Die Käfigeinrichtung von A bis Z

23 **Experten-Tipp:** Rechtsfragen bei Kauf und Haltung
24 Einzug und Eingewöhnung
27 Was tun mit ...?
27 Info: Richtig hochheben und tragen
28 Ein Herz und eine Seele
30 Die gesunde Ernährung der Ratte
32 Die wichtigsten Fütterungstipps
33 **Tut gut – Besser nicht**

34 LEBEN MIT RATTEN

35 Langweilig wird's mit Ratten nie
35 Geliebter Mensch
35 Jobtraining und Tagesausflüge
36 Gesellschaft mit festen Regeln
36 Die wichtigsten Verhaltensweisen
37 Laut- und Körpersprache
37 **Experten-Tipp:** Grundbedürfnisse respektieren
38 Die Ratte in der Familie
39 Ratten und andere Heimtiere
39 Gefahren beim Wohnungsauslauf
41 10 Pluspunkte für die Partnerschaft
42 Die schönsten Spiele für Ratten
43 **Experten-Tipp:** Ungeeignetes Spielzeug
44 **Auf einen Blick:** Spielparadies

48 PFLEGE UND GESUNDHEIT

49 Die Basics der Rattenpflege
49 Zwei-Minuten-Gesundheitscheck
49 Artgemäße Haltung ist das A und O
50 Pflege- und Reinigungskalender
50 Täglicher Pflegedienst
51 Großer Hausputz
52 So schützen Sie die Gesundheit Ihrer Ratten
53 Typische Krankheitssymptome
53 Was Ratten krank macht
54 Die häufigsten Krankheiten der Ratte
58 Nachwuchs und Zucht
59 Info: Geburtenstopp

EXTRAS

60 Register, Service
64 Impressum, GU-Leserservice

Umschlagklappen:
Verhaltensdolmetscher
SOS – was tun?
5 interessante Infos auf einen Blick

QUALITÄTS
G|U
GARANTIE

DIE GU-QUALITÄTS-GARANTIE

Wir möchten Ihnen mit den Informationen und Anregungen in diesem Buch das Leben erleichtern und Sie inspirieren, Neues auszuprobieren. Bei jedem unserer Produkte achten wir auf Aktualität und stellen höchste Ansprüche an Inhalt, Optik und Ausstattung. Alle Informationen werden von unseren Autoren und unserer Fachredaktion sorgfältig ausgewählt und mehrfach geprüft. Deshalb bieten wir Ihnen eine 100%ige Qualitätsgarantie.

Darauf können Sie sich verlassen:
Wir legen Wert auf artgerechte Tierhaltung und stellen das Wohl des Tieres an erste Stelle. Wir garantieren, dass:
• alle Anleitungen und Tipps von Experten in der Praxis geprüft und
• durch klar verständliche Texte und Illustrationen einfach umsetzbar sind.

Wir möchten für Sie immer besser werden:
Sollten wir mit diesem Buch Ihre Erwartungen nicht erfüllen, lassen Sie es uns bitte wissen! Wir tauschen Ihr Buch jederzeit gegen ein gleichwertiges zum gleichen oder ähnlichen Thema um. Nehmen Sie einfach Kontakt zu unserem Leserservice auf. Die Kontaktdaten unseres Leserservice finden Sie am Ende dieses Buches.

GRÄFE UND UNZER VERLAG
Der erste Ratgeberverlag – seit 1722.

RATTEN KENNENLERNEN

Sie schließen schnell Freundschaft mit dem Menschen, sind gewitzt, verschmust, verspielt, reinlich und pflegeleicht: Ratten bringen die besten Voraussetzungen für eine glückliche Partnerschaft mit.

Faszination Ratte

Auch als Heimtiere verfügen Ratten noch über viele Verhaltensweisen und Sinnesleistungen ihrer wild lebenden Verwandten. Besonders auffällig ist ihr Bedürfnis, sich dem Menschen anzuschließen, ein Verhalten, das bei keiner anderen Säugetierart so hoch entwickelt ist wie bei den Ratten. Die ständige Präsenz der Ratte hat die Geschichte des Menschen entscheidend mitgeprägt.

Clevere Clans

Gemeinschaft und Gemeinsinn machen Ratten stark. Die typische Form ihres Gesellschaftslebens ist das Rudel, das meist aus einer Großfamilie eng miteinander verwandter Tiere besteht. Gemeinsam erkundet das Rudel fremdes Terrain, schließt sich zur Abwehr von Feinden zusammen, geht gemeinschaftlich auf Futtersuche und hilft sich gegenseitig bei der Aufzucht der Jungen.

❭ Anpassungskünstler: Ratten können sich sehr schnell den unterschiedlichsten Lebens- und Ernährungsbedingungen anpassen und sind in der Lage, über ihr angeborenes Verhaltensinventar hinaus neue Verhaltensweisen zu entwickeln.

❭ Weltbürger: Mit ihrer Anpassungs- und Widerstandsfähigkeit, der hohen Fortpflanzungsrate und dem ausgeprägten Erkundungsverhalten haben sich die Ratten nahezu sämtliche Lebensräume der Erde erschlossen.

Auf den Mensch gekommen

Haus- und Wanderratten leben seit Jahrhunderten in unserer Nähe, die Hausratten vielleicht schon seit den allerersten Tagen der Menschheit. Wanderratten sind hervorragende Schwimmer. Sie haben vor allem als blinde Passagiere auf Schiffen Länder und Kontinente erobert.

Von Ratten und Menschen

Ratten gehören zu den Mäusen, der artenreichsten Familie unter den Säugetieren. Auch die ursprünglich in Ost- und Südostasien lebenden Ratten zeichnen sich durch eine große Vielfalt aus. Von vielen heimlich und in menschenfernen Regionen lebenden Arten wissen wir allerdings nur wenig.

Kulturfolger Ratte

Für den Menschen haben vor allem Wander- und Hausratte große Bedeutung, weil sie bei massenhaftem Auftreten Ernteschäden verursachen und Krankheiten übertragen können. Die heute als

Heimtiere gehaltenen Ratten sind Wanderratten, die von zahmen Labortieren abstammen.

› Wanderratte: Die bei uns wild lebenden Ratten sind nahezu alle Wanderratten. *Rattus norvegicus* ist wahrscheinlich schon im Mittelalter aus den Steppen Asiens nach Europa eingewandert. Ihr wissenschaftlicher Name geht noch auf die falsche Annahme zurück, dass die Art aus Norwegen stammt. Wanderratten sind Erdbewohner, die mit allen erdenklichen Lebensräumen vorliebnehmen, die ihnen Unterschlupf und Schutz bieten – von Scheunen, Ställen und Kellern bis zu Müllplätzen, Gräben und Abwasserrohren. Als anspruchslose Allesfresser ernähren sich Wanderratten hauptsächlich von Pflanzenkost, verschmähen aber auch Fische, Kaninchen, Mäuse und Vögel nicht, sowie alle anderen Tiere, die sie überwältigen können.

› Hausratte: Die ursprünglich auf Bäumen lebende Hausratte *Rattus rattus* ist eine wahre Kletterkünstlerin. Im Gegensatz zur Wanderratte, die feuchte Lebensräume und die Nähe des Wassers bevorzugt, besiedelt die Hausratte meist höher gelegene, trockene und wärmere Bereiche. Tierische Kost steht nur selten auf dem Speisezettel, ihre Hauptnahrung sind Samen und Früchte. Der Mangel an geeigneten Unterschlupfmöglichkeiten hat dazu geführt, dass die Hausratte in Deutschland fast ausgestorben ist. In den Tropen und Subtropen ist sie jedoch nach wie vor weit verbreitet.

Seit Jahrhunderten leben Ratten in der Nähe des Menschen und haben sich den unterschiedlichsten Lebensbedingungen angepasst.

Verjagt, verfolgt, vergiftet

Der Schwarze Tod, dem im Mittelalter ein Viertel der Menschen in Europa zum Opfer fielen, wurde vermutlich von Hausratten übertragen, die von mit dem Pestbakterium infizierten Flöhen befallen waren. Vor allem in den Tropen und Subtropen sind Ratten heute noch für Krankheiten und Seuchen verantwortlich, dezimieren Ernteerträge und vernichten Nahrungsvorräte. Angesichts der Anpassungsfähigkeit und Widerstandskraft der Ratten werden dabei selbst mit nachhaltiger Bekämpfung nur Teilerfolge erzielt. Das Heer der Ratten vor allem in den Großstädten geht in die Millionen. Die literarische Antwort auf die alte Frage, ob der Mensch oder die Ratte überleben wird, gibt der Schriftsteller Günter Grass in »Die Rättin«: Durch einen Atomkrieg hat sich der Mensch selbst vernichtet, zurück bleibt ein Rattenstaat.

Die heiligen und die weisen Ratten

Obwohl bei uns Angst und Ekel nach wie vor das Bild von der Ratte prägen, werden in vielen Kulturen auch ihre Tapferkeit und Gewitztheit verehrt, besonders in den asiatischen Ländern. So gelten Menschen, die im chinesischen »Jahr der Ratte« geboren werden, als besonders charmant, klug, vorsichtig und vorausschauend.

In den Tempelbezirken des indischen Rajastan leben Abertausende von Ratten. Sie sind den Hindus heilig und werden regelmäßig mit Reis gefüttert. In Sagen und Märchen übernimmt eine Ratte nicht selten die Rolle der Weisen und Wissenden und auf der Kinoleinwand, in Literatur und Comic hat so mancher liebenswerte und mit allen Wassern gewaschene pelznasige Held schon längst die Herzen der Zuschauer und Leser erobert, die der jungen genauso wie die der älteren.

Haus- und Wanderratte im Vergleich

MERKMAL	BESCHREIBUNG
GESTALT	Hausratte: schlank, Kopfrumpflänge 18–22 cm, langer Schwanz (18–24 cm), große, fast nackte Ohren. Körpergewicht 135–240 g. Wanderratte: plumper als Hausratte, Kopfrumpflänge 18–26 cm, kürzerer Schwanz (15–22 cm), kleine Ohren. Gewicht 180–500 g, Böcke zum Teil auch mehr.
FELLFARBE	Hausratte: überwiegend dunkelgrau (engl. Bezeichnung: Black rat, Ship rat). Wanderratte: meist graubraun, hellere Bauchseite (engl.: Brown rat, Common rat).
ERNÄHRUNG	Hausratte: Samen und Früchte, tierische Kost nur als Beifutter. Wanderratte: Allesfresser.
FORT-PFLANZUNG	Hausratte: Tragzeit 23–24 Tage, meist 7–8, max. 20 Junge, geschlechtsreif mit ca. 8–9 Wochen. Wanderratte: Tragzeit 22–24 Tage, 6–12 Junge, geschlechtsreif zum Teil schon mit 5–6 Wochen.
LEBENSWEISE	Hausratte: hauptsächlich nachtaktiv, kletterfreudig, lebt auf Bäumen und in Gebäuden, zum Teil auch in Erdbauen, bevorzugt trockenere Lebensräume. Wanderratte: dämmerungs- und nachtaktiv, je nach Lebensbedingungen auch am Tag munter. Unterirdische Baue im Freien und in Gebäuden, oft in Wassernähe.

Was Sie über Ratten wissen sollten

In der medizinischen Forschung kommen neben Albinomäusen schon seit Langem auch weiße Wanderratten zum Einsatz. Zur Zucht der Laborratten werden gezielt die zahmsten und zutraulichsten Tiere verwendet. Da alle Liebhaberratten auf die Zuchtlinien dieser Labortiere zurückgehen, zeichnen sie sich durch ein besonders friedfertiges und menschenfreundliches Wesen aus.

Hauptsache im Rudel

Ratten sind soziale Lebewesen, die ohne die Nähe ihrer Artgenossen verkümmern und krank werden.

Offen für **Beziehungen**

ANSCHLUSS GESUCHT Auch die wilden Wanderratten, Vorfahren unserer Heimtierratten, leben schon seit vielen Jahrhunderten, vielleicht sogar seit Jahrtausenden in der Nähe des Menschen.

VERTRAUEN ZÄHLT In Privathand werden heute nur Ratten gehalten und gezüchtet, die von zahmen Laborratten abstammen. Nahezu alle Ratten fassen nach kurzer Eingewöhnungszeit Vertrauen zu ihrem Besitzer.

SOZIALPARTNER MENSCH Eine Ratte braucht die Artgenossen zum Glücklichsein und sollte nie alleine leben müssen. Auch bei Gruppenhaltung bleibt der Mensch ein wichtiger Sozialpartner.

ANPASSUNGSFÄHIG Ratten sind sehr lernwillig (besonders die Weibchen) und passen sich verblüffend schnell unserem Lebensrhythmus an.

Wilde Ratten leben in Rudeln von 20–60 Familienmitgliedern, Großrudel können aber auch 200 und mehr Tiere zählen. Selbst bei ständiger intensiver Zuwendung durch den Menschen kann die Einzelhaltung der Ratte ihren hohen sozialen Ansprüchen nicht gerecht werden.

Stark im Revier

Mäuse und Ratten besitzen einen Eigenbezirk, der mit Duftmarken abgegrenzt wird. Im Revier legen sie Wohnbauten, Schlafplätze, Gänge und Tunnels an, tragen Futter ein und ziehen die Jungen auf. Die Rudelmitglieder erkennen sich am gruppeneigenen Geruch. Fremde Tiere werden nicht geduldet.

Überall die Nase drin

Ratten zeichnen sich durch ein ausgeprägtes Neugierverhalten aus. Mit der gebotenen Vorsicht geht man in fremder Umgebung auf Entdeckungsreise und erkundet jeden Winkel. Dieses Explorationsverhalten ist auch dafür verantwortlich, dass Ratten weltweit verbreitet sind. Vor allem die Wanderratte macht ihrem Namen alle Ehre. Dank ihrer hervorragenden Schwimmfähigkeit ist sie dabei sogar in der Lage, selbst größere Gewässer zu überwinden.

Erst abends munter

Hausratten sind Tagträumer, die erst am Abend und in der Nacht richtig wach werden. Obwohl auch die Wanderratte von Haus aus dämmerungs- und nachtaktiv ist, erweist sie sich je nach Lebensumfeld flexibler und lässt sich in der Partnerschaft mit dem Menschen zu jeder Tageszeit für ein Spielchen oder eine Schmusestunde begeistern.

Duft verbindet: Die Ratten des Rudels erkennen sich an ihrem gruppenspezifischen Geruch. Anders riechende Tiere werden attackiert.

Gemeinsam auf Tour: Ratten sind neugierige Wesen, die alle Ecken und Winkel ihres Lebensraums erkunden. Zu zweit fühlt man sich dabei sicherer.

Klettern aus Leidenschaft

Die Hausratte ist der geborene Klettermax. Obwohl eigentlich Erdbewohnerin, steht ihr die Wanderratte in der Kletterkunst kaum nach. Die Möglichkeit dazu muss man ihr auch in der Wohnung bieten.

Harte Kost für Nagezähne

Wie bei allen Nagetieren wachsen die Schneidezähne der Ratte lebenslang nach. Knabberkost wie Cracker, Knäckebrot und Hundekuchen ist wichtig, um die Zähne abzuschleifen und kurz zu halten.

Frühreif und fruchtbar

Wanderrattenmännchen sind mit 5–6 Wochen fortpflanzungsfähig, die Weibchen etwas später. Sie bringen bis zu zwölf Junge zur Welt und sind direkt nach der Geburt wieder paarungsbereit. Ein Zuchtpaar kann bis zu siebenmal im Jahr Nachwuchs haben. Durch die Getrennthaltung der Geschlechter oder die Kastration der Böcke wird unerwünschter Kindersegen verhindert.

Sauber und gepflegt

Ratten sind außerordentlich reinliche Tiere, die regelmäßig und ausgiebig Körperpflege betreiben. Das Putzverhalten lässt sich schon bei den Jungen im Nest beobachten. Im Vergleich zu den Mäusen sind Eigengeruch und Duftmarken dezenter.

Kuscheln für die Seele

Körperkontakt spielt innerhalb des Rattenrudels eine große Rolle. Dazu gehören unter anderem das Kuscheliegen im Schlafhäuschen – oft in mehreren Lagen über- oder nebeneinander –, gegenseitiges Beknabbern und Lecken des Fells (Allogrooming), aber auch Schnauzenstupsen und Pfotenauflegen. Fast immer ist die Kontaktaufnahme Ausdruck friedlicher Stimmung und Zuneigung oder dient der Beschwichtigung und zur freundlichen Begrüßung. Hat man das Vertrauen seiner Ratte gewonnen, zeigt sie das Kontaktverhalten auch gegenüber uns, zum Beispiel beim Kuscheln auf der Schulter oder dem zärtlichen Beknabbern des Ohrs.

Der Start ins Rattenleben

Eine Ratte macht weniger Arbeit als der Hund der Familie. Doch die Gleichung »kleine Heimtiere – kleinere Ansprüche« darf nicht dazu verleiten, sich aus einem spontanen Impuls heraus Ratten ins Haus zu holen. Ratten brauchen einen geräumigen Käfig, der nicht irgendwo in eine dunkle Zimmerecke abgeschoben werden kann, sie fordern Pflege und Beschäftigung inklusive regelmäßigem Freilauf, und auch bei Gruppenhaltung ist jeder Ratte die Kuschelnähe ihres Menschen wichtig.

Woher bekomme ich meine Ratten?

In den letzten Jahren haben immer mehr Menschen ihr Herz für die intelligenten und liebenswerten Nager entdeckt, sodass Sie unter verschiedenen Bezugsquellen auswählen können.

› Liebhaberzucht: Bei Ratten aus Privathand geht man in der Regel sicher, dass die Tiere gesund sind, stressfrei zusammenleben und sorgfältig verpaart werden. Anschriften von Züchtern in Ihrer Nähe finden Sie in Tierzeitschriften, im Internet und in den

Ganz auf den Mensch gekommen: Ratten brauchen die Kuschelnähe zum vertrauten Zweibeiner. Und als lebender Kletterbaum ist er natürlich auch die erste Wahl.

Lokalzeitungen. Auch Tierärzte und Rattenvereine wie zum Beispiel der Verein der Rattenliebhaber und -halter in Deutschland (VdRD, → Adressen, Seite 62) vermitteln gerne geeignete Kontakte.

› Zoofachgeschäft: Werden die Tiere in kleinen Gruppen gehalten? Machen sie einen gesunden und munteren Eindruck? Sind die Käfige sauber? Achten Sie vor allem darauf, dass die Geschlechter getrennt untergebracht sind. Nur so lässt sich das Risiko vermeiden, trächtige Weibchen zu kaufen.

› Tierheim: Unerwünschter Rattennachwuchs landet häufig im Tierheim. Meist sind es dann aber die erwachsenen Tiere, die abgegeben werden können.

Single oder Gruppe?

Ratten brauchen den ständigen Kontakt zu ihren Artgenossen. Selbst wenn der Mensch sich täglich viele Stunden mit einem einzeln gehaltenen Tier beschäftigt, kann er die sozialen Ansprüche nicht befriedigen. Ideal ist eine Lebensgemeinschaft von zwei, drei oder mehreren gleichgeschlechtlichen Tieren, wobei die Weibchen sich meist sehr gut vertragen, speziell dann, wenn sie aus einem Wurf stammen. Gleich starke Männchen kämpfen so lange miteinander, bis sie geklärt haben, wer Chef im Käfig ist. In Männergruppen mit unterschiedlicher Altersstruktur sind Rangeleien seltener. Kastrierte Rattenböcke können mit Weibchen in einem Rudel zusammenleben.

Männchen oder Weibchen?

Rattenweibchen bleiben meist deutlich kleiner und leichter als die Männchen, sie sind flinker, kletterfreudiger, lernfähiger und neugieriger. Die Böcke sind ruhiger und verschmuster. Allerdings gibt es auch bei Ratten große individuelle Unterschiede. Rattenmänner riechen stärker als die Weibchen.

Entscheidungshilfen vor dem Kauf

TIPPS VOM
RATTEN-EXPERTEN
Gerd Ludwig

FAMILIENSACHE In der Familie müssen alle für die Ratten stimmen. Unbedingt Abstand nehmen von der Anschaffung sollte man, wenn ein Familienmitglied Angst oder Ekel empfindet.

ALLERGIEN Als felltragende Heimtiere können Ratten Allergien auslösen. Klären Sie, ob es in Ihrer Familie allergische Reaktionen gibt.

WOHNRECHT Ein Rattenkäfig muss geräumig sein und beansprucht relativ viel Platz. Haben Sie genügend Platz? Sind Sie bereit, den Tieren täglich Auslauf in der Wohnung zu genehmigen?

ANDERE HEIMTIERE Leben unter Ihrem Dach schon andere Heimtiere? Bei einigen ist die gemeinsame Haltung mit Ratten problematisch (→ Seite 39).

PFLEGEDIENST Ratten verlangen regelmäßige Pflege und Beschäftigung. Wer übernimmt dafür die Verantwortung?

FERIENPLANUNG Ratten gehen nur selten mit auf Reisen. Die Frage der Urlaubsbetreuung sollte bereits vor dem Kauf geklärt werden.

Die schönsten und beliebtesten Rassen

Ratten werden in vielen Farben und Mustern gezüchtet. Zu den häufigsten Fellzeichnungen gehören unter anderem Berkshire, Husky und Hooded. Alle Zeichnungen können in den unterschiedlichsten Färbungen vorkommen.

SELF Einheitlich einfarbige Ratten ohne Abzeichen und Maske. Im Foto eine Chocolate Self mit dunkelbraunem (schokoladefarbenem) Fell.

BERKSHIRE Das Fell der Berkshire ist einfarbig, weiß abgesetzt sind Brust, Bauch und die Pfoten, z. B. bei der Agouti Berkshire.

CINNAMON Hellbraune, zimtfarbene Ratte (cinnamon = engl. für Zimt). Cinnamon-Ratten gibt es mit den unterschiedlichsten Fellzeichnungen (z. B. Berkshire Cinnamon).

BAREBACK Die Bareback ist eine echte Schönheit: Der Kopf und die Schultern sind farbig und deutlich vom übrigen, einheitlich weißen Körper abgegrenzt.

HUSKY An ihrer weißen Blesse im Gesicht, die sich bis zum Hals fortsetzt, kann man eine Husky-Ratte sofort erkennen. Rücken und Flanken sind farbig.

AGOUTI Alle wildfarbenen Tiere werden als Agouti bezeichnet. Ihr braungraues Fell hat einen rötlichen Schimmer.

ALBINO Das Haarkleid einer Albinoratte besitzt kein Pigment und erscheint daher einheitlich weiß. Typisch sind die roten (pinkfarbenen) Augen, denen ebenfalls das Pigment fehlt.

HOODED Der Kopf ist bis zu den Schultern farbig, und die Färbung setzt sich in einem breiten Streifen über den Rücken bis zum Schwanzansatz fort. Flanken und Bauch der Hooded sind weiß.

Anatomie und Sinne

Augen

SEHVERMÖGEN
Hoch entwickelt sind Bewegungs- und Dämmerungssehen. Die Sehschärfe hingegen ist gering.

FARBENSEHEN Ratten erkennen nur Gelb, Orange und Grauschwarz.

BLICKFELD Beträgt fast 360 Grad.

Zähne

NAGEZÄHNE Lange, gebogene Schneidezähne zum Benagen von Holz und harter Nahrung. Nagezähne wachsen zeitlebens nach.

GEBISS Ratten haben keine Milchzähne; Eck- und Vorbackenzähne fehlen.

Tasthaare

VIBRISSEN Große Einzelhaare an der Schnauze und um die Augen, die auf Berührung und Luftzug reagieren und der Nahorientierung dienen.

LEITHAARE Tasthaare an den Seiten des Körpers und an den Beinen.

Druckempfindliche Sinnesorgane sitzen auch in den Pfoten der Ratte.

Fell

STRUKTUR Weiche Unterwolle und derbe, längere Grannenhaare.

FARBE Bei wilden Ratten graubraun mit heller Unterseite, bei Zuchttieren breites Farbspektrum von Weiß und Creme bis Braun und Schwarz.

ZEICHNUNG Zuchtratten mit vielen Fellmustern (→ Seite 12).

Ohren

HÖREN Das Hörvermögen ist hoch entwickelt. Ratten können Ultraschalltöne bis 80 kHz wahrnehmen.

GLEICHGEWICHTSORGAN Sitzt im Innenohr und gewährleistet ein sicheres Klettern und Balancieren.

Füße und Schwanz

ZEHEN Nagertypisch sind an den Hinterfüßen fünf, an den Vorderfüßen vier krallentragende Zehen (der Daumen ist rückgebildet). Beine und Füße werden beim Klettern so geschickt eingesetzt, dass Ratten selbst senkrechte Flächen überwinden können.

SCHWANZ Der fast körperlange Schwanz trägt Schuppenringe und ist schwach behaart. Er erleichtert das Balancieren, wird im Sprung als Steuer eingesetzt und dient als Stütze beim Sitzen und Klettern.

Nase

RIECHEN Ratten leben in einer Geruchswelt. Bei Nahrungssuche, Kommunikation und der Orientierung an Duftmarken spielt die Nase eine Hauptrolle.

JACOBSONSCHES ORGAN Riechorgan unter der Nasenhöhle, dient der Wahrnehmung von Duftlockstoffen.

DAS BRAUCHEN RATTEN

Ratten sind hellwach und aktiv: Sie brauchen einen großen Käfig, regelmäßigen Auslauf, viel Zuwendung und Beschäftigung. Die Nähe und der Kontakt des Menschen sind ihnen besonders wichtig.

Die wichtigsten Tipps für den Kauf

Sie wissen, welche Ansprüche Ratten als Heimtiere stellen (→ Seite 8), Sie haben das Für und Wider der Haltung erwogen (→ Entscheidungshilfen, Seite 11), Sie haben getestet, ob Sie ein Händchen für die kleinen Nager haben (→ Seite 18), und den Verkäufer Ihrer Wahl gefunden (→ Seite 10).

Das richtige Abgabealter

› Jungtiere: Rattenmütter sind gute Mütter. Ihre Fürsorge entscheidet über die gesunde Entwicklung der Jungen. In der 5. Lebenswoche sollten die Jungtiere abgegeben werden. Achtung: Ratten sind bereits mit fünf bis sechs Wochen fortpflanzungsfähig!
› Erwachsene Ratten: Auch erwachsene Tiere gehen eine enge Bindung mit dem Menschen ein. Berücksichtigen sollten Sie dabei aber, dass die durchschnittliche Lebenserwartung der Ratte nicht mehr als zwei bis drei Jahre beträgt.

So erkennen Sie das Geschlecht

› Weibchen: Weibliche Ratten haben drei Öffnungen (After, Geschlechts- und Blasenöffnung), die relativ eng beieinanderliegen. Am Bauch verlaufen zwei Zitzenreihen. Erwachsene Tiere sind kleiner und leichter als die Männchen. Wenn Weibchen und (unkastrierte) Böcke gemeinsam gehalten werden, stellt sich sehr bald Nachwuchs ein.
› Männchen: Großer Abstand zwischen den beiden Öffnungen von After und Penis. Die Hoden unter dem Schwanz sind beim erwachsenen Rattenmann gut zu erkennen.

Sicher nach Hause

Zum Transport bewährt sich eine ausbruchssichere Box mit Lüftungsgitter, die mit Streu ausgepolstert ist und ein Schlafhäuschen als Unterschlupf besitzt. Futter nur auf längeren Reisen anbieten.

Checkliste: Gesundheit und Fitness

Für den Rattenkauf gilt, was man bei jedem Heimtier beherzigen sollte: nie aus dem Bauch heraus oder aus Mitleid entscheiden. Was zugegeben nicht leichtfällt, wenn man einer vorwitzigen Rasselbande gegenübersteht und aus lustigen Knopfaugen begutachtet wird. Auf diese Punkte kommt es bei der Auswahl Ihrer neuen Hausfreunde an:

Acht Punkte für die Gesundheit

> Bewegungsweise: ohne erkennbare Behinderung beim Laufen, Klettern und Buddeln. Die Ratte hat keine Gleichgewichtsprobleme.

> Körperhaltung: Typisch für die sitzende Ratte ist ihr krummer Rücken, eine stark gekrümmte Körperhaltung ist jedoch häufig ein Krankheitssymptom. Das gilt auch für den schief gehaltenen Kopf, der oft von einer Ohrenentzündung ausgelöst wird.

> Fell: Das gesunde Fell liegt glatt am Körper an, es ist frei von Wunden, Schorf und Verunreinigungen und zeigt weder ausgedünnte noch kahle Stellen. Ständiges Kratzen weist auf Parasitenbefall hin.

So erkennen Sie den **guten Züchter**

ALLES SAUBER Das Rattendomizil macht einen gepflegten Eindruck, die Futternäpfe sind sauber.

VIEL PLATZ Der geräumige Käfig bietet viele Spiel- und Beschäftigungsmöglichkeiten, die Tiere haben täglich ca. zwei Stunden Auslauf.

FREUNDSCHAFT Alle Ratten sind zutraulich und suchen aus eigenem Antrieb die Nähe des Halters.

> Augen: glänzend, klar, ohne Ausfluss und Krusten.

> Nase: sauber und ohne Ausfluss, keine vermehrte Sekretproduktion (Schleimbildung). Die Ratte atmet frei und ohne Atemgeräusche und niest nicht.

> Ohren: frei von Wunden, Rissen und Schorf.

> After: Eine verschmutzte Afterregion ist fast immer die Folge von Durchfallerkrankungen, die auch bei Nagern sehr hartnäckig sein können.

> Pfoten: ohne Risse und Entzündungen. Die Krallen sind nicht übermäßig lang.

Verhalten der gesunden Ratte

Das Verhalten der Ratten lässt sich am besten am Abend beobachten, wenn sie besonders aktiv sind.

> Quicklebendig: Ratten sind sehr bewegungsfreudig und halten selten still. Ein Tier, das träge und lustlos wirkt oder sich verkriecht, ist krank oder steht unter Stress, der durch falsche Haltung oder Unterdrückung im Rudel verursacht werden kann.

> Neugierig: Eine selbstbewusste und gesunde Ratte interessiert sich für alles Neue und Unbekannte in ihrem Lebensbereich. Anders als wilde Ratten, die um fremde Objekte (inkl. neuer Futterquellen) über Tage und Wochen einen großen Bogen machen, zeigen sich ihre in Menschenobhut lebenden Verwandten entschlossener und gehen der Sache schnell auf den Grund.

> Kommunikativ: Entscheiden Sie sich beim Kauf für Tiere, die freiwillig mit Ihnen Kontakt aufnehmen und zum Beispiel an Ihrer Hand schnuppern. Ängstlichen Ratten, die vor fremden Menschen fliehen oder auf Distanz bleiben, fällt die Gewöhnung an neue Lebensbedingungen sehr viel schwerer. Manche legen ihre Scheu zeitlebens nicht ab.

Das Wohlfühlheim für Ihre Ratten

»Freundliche Familie sucht Haus oder großzügig geschnittene Wohnung, möglichst über mehrere Etagen, gerne möbliert, Fitnessraum erwünscht, viele Treppen und Türen kein Hinderungsgrund. Erhöhte Lage bevorzugt, Umgebung sollte zu Tagesausflügen einladen.« So oder ähnlich würde wohl eine Anzeige aussehen, mit der gewisse knopfäugige Inserenten in der »Nager-Zeitung« nach ihrer Traumwohnung suchen.

Die Bascis des Rattenkäfigs

Für Ratten ist der Käfig mehr als Schlafplatz und Futterstelle. Ein rattengerechter Käfig hält seine Bewohner gesund und fit, verführt zum Stöbern und Erkunden, fördert die Intelligenz und bietet interessante Kuschelecken. Diese Anforderungen sollte der Käfig für Ihre Ratten erfüllen:

› Käfiggröße: Für seine quirligen Bewohner kann der Käfig gar nicht groß genug sein. Zwangsläufig wird die Obergrenze meist von den räumlichen Gegebenheiten der Wohnung festgelegt. Als Mindestmaß gelten für 3–4 Ratten 90 x 55 x 100 cm (Länge x Breite x Höhe), für Gruppen bis ca. 10 Tiere 120 x 70 x 120–140 cm.

› Etagenwohnung: Die kletterfreudigen Nager wollen immer hoch hinaus. Beim Käfig zählt daher vor allem Höhe; mit ein Grund, warum die niedrigen handelsüblichen Meerschweinchen- und Kaninchenkäfige kein gutes Angebot für Ratten sind. Der Rattenkäfig gliedert sich in mehrere Etagen mit Sitzbrettern, Schlafhäuschen und Kuschelecken, die über Treppen, Seile, Röhren, Äste, Leitern und Strickleitern miteinander verbunden sind und auch durch Klettern am Gitter erreicht werden können.

Der Abstand zwischen den Ebenen muss so groß sein, dass die Tiere Männchen machen können, ohne anzustoßen. Bei einem Käfigturm von zwei Metern Höhe sollten sich die Etagen über die gesamte Länge und Breite erstrecken, um Abstürze aus großer Höhe zu verhindern. Selbst die klettersicherste Ratte greift einmal daneben ... Gefährdet sind besonders ältere Tiere, deren Beweglichkeit und Reaktionsvermögen nachlassen.

Vorbeugen kann man auch mit Hängematten und Netzen in verschiedenen Höhen. Die durchgängigen Etagenbretter müssen über Aussparungen mit einem Durchmesser von 8–10 cm zugänglich sein. Unabhängig von der Käfiggröße brauchen Ratten täglich etwa 1,5–2 Stunden Auslauf außerhalb ihres Domizils.

Der Käfig ist das Zentrum der Rattenwelt: In ihm müssen sie sich sicher und geschützt fühlen und sich ausgiebig bewegen und beschäftigen können.

> Bodenwanne: Eine 15–20 cm hohe Bodenschale aus Kunststoff verhindert, dass die Einstreu beim Scharren in der Umgebung des Käfigs verteilt wird.

> Käfiggitter: Die Gitterabstände müssen so klein sein, dass eine Ratte gar nicht erst in Versuchung kommt, den Kopf hindurchzustecken. Für ausgewachsene Tiere sind 2–2,5 cm das richtige Maß. Für Jungratten bis ca. zum 3. Lebensmonat stellt ein solcher Käfig allerdings kein Hindernis dar, hier darf der Gitterabstand höchstens 1,5 cm (besser aber nur 1 cm) betragen. Solange der Nachwuchs noch klein ist, kann man sich im normalen Rattenkäfig mit Kleintierdraht behelfen, der von innen am Gitter befestigt wird. In Käfigen mit dunklem Gitter lassen sich die Tiere besser beobachten als durch helle Metallstäbe, die das Licht reflektieren.

> Türen und Luken: Futterreste und Hinterlassenschaften müssen jeden Tag entfernt werden. Große Käfigöffnungen erleichtern die Reinigung sowie den Umbau und Austausch der Inneneinrichtung. Sie sind gleichzeitig aber die Schwachstelle des Käfigs, weil unzureichend gesicherte oder schlecht schließende Türchen einer gewitzten und starken Ratte selten lange widerstehen. Ausbruchsversuche lassen sich nur mit massiven Türrahmen und kräftigen Riegeln und Schlössern stoppen.

Fertig gekauft oder selbst gebaut?

> Fertigkäfig: Es gibt im Handel nur wenige Käfige, die den Ansprüchen der Ratten gerecht werden. Obwohl oft als Rattenkäfige angeboten, eignen sich niedrige Kunststoffbehälter mit Gitterdeckel nur für kurzzeitige Unterbringung oder Transport, nicht jedoch als Dauerdomizil. Das gilt auch für Hamster- und Meerschweinchenheime, die zu niedrig sind, um den Nagern genügend Klettermöglichkeiten zu bieten. Von Höhe, Gitterabstand und Zugänglich-

keit sind die Käfige für Streifenhörnchen die beste Empfehlung. Vogelkäfige: nur bedingt geeignet, weil Gitterabstände häufig zu groß, zum Teil ohne Bodenwanne und meist nicht ausbruchsicher. Aquarien und Terrarien: ungeeignet, weil Belüftung unzureichend und keine Klettermöglichkeiten.

> Eigenbau: Viele Halter legen beim Käfig für ihre Schützlinge selbst Hand an. Größe und Käfigform können frei gewählt, das Rattenheim optimal in die Wohnung integriert und der Gruppengröße seiner Bewohner angepasst werden. Wer handwerklich geschickt ist, versorgt sich im Baumarkt mit Spanplatten, Brettern, Einlegeböden, Kleintierdraht, Scharnieren, Flachwinkeln, Riegeln usw., wer es sich leichter machen will, zweckentfremdet einen alten Schrank und rüstet ihn für seine Rasselbande um. Erfahrene Rattenliebhaber helfen Anfängern gerne weiter (→ Rattenclubs, Adressen, Seite 62).

Der beste Platz für den Käfig

> Möglichst mittendrin: Ratten wollen in der Nähe ihrer Menschen sein. Der Käfig sollte dort aufgestellt werden, wo es viel zu sehen gibt und die Bewohner regelmäßig Kontakt mit der Familie haben.

Sicher vor **Zugluft** geschützt

ERKÄLTUNGSGEFAHR Der Rattenkäfig darf nicht in der Zugluft stehen. Ratten leiden relativ häufig an Atemwegserkrankungen, die in vielen Fällen von Zugluft, aber auch von Zigarettenrauch ausgelöst werden.

SYMPTOME röchelnde Atmung, häufiges Niesen. Anfällig sind besonders ältere Ratten und Tiere mit geschwächtem Immunsystem.

TRAUMLAND Glücklich macht man seine Ratten nach einer einfachen Formel: Je abwechslungsreicher und großzügiger ihr Wohnbereich ist, desto reibungsloser, lebendiger und stressfreier funktioniert das Leben in der Gruppe. Der artgerecht eingerichtete Käfig ist die beste Gesundheitsvorsorge. Neben verschiedenen Spiel- und Kletterangeboten gehören dazu Schlaf- und Versteckplätze auf mehreren Etagen, wo die Tiere gemeinsam kuscheln, sich bei Bedarf aber auch zurückziehen können.

WASSERSTELLE Mindestens zwei Nippeltränken sollte man seinen Käfigbewohnern anbieten (Foto: Kugelventiltränke). Die Wasserspender werden außen am Gitter befestigt. Frisches Wasser gibt es täglich, einmal wöchentlich werden die Trinkröhrchen gereinigt. Eine offene Wasserschale im Käfig verschmutzt schnell und kann Krankheitskeime übertragen. Das gilt auch für Obst- und Gemüsereste, die nicht regelmäßig entfernt werden.

EIGENHEIM Schlafhäuschen geben Ratten Sicherheit, sie sind Versteck und Rückzugsplatz, bieten ihnen aber auch die Möglichkeit, eng aneinandergekuschelt zu schlafen.

Auch wenn sich Ratten oft durch kleinste Spalten zwängen, muss man bei der Einrichtung darauf achten, dass sie nirgends stecken bleiben können.

› Wohltemperiert: Ratten fühlen sich bei normaler Zimmertemperatur (20–24 °C) und Luftfeuchtigkeit (50–60 %) am wohlsten. Wichtig: Schutz vor praller Sonne und Zugluft (→ Info, Seite 20); der Käfig darf nie direkt neben dem Heizkörper stehen.

› Höhe zählt: Stellen Sie den Käfig ca. 100–120 cm hoch. Die Furcht vor Luftfeinden (Greifvögeln) ist Ratten angeboren. Greift man von oben in den Käfig, erschrecken selbst zutrauliche Tiere. Der erhöhte Platz erleichtert auch das Hantieren im Käfig.

› Soundcheck: Dauerberieselung aus Radio oder TV bedeutet Stress für Ratten. Rattenohren sind für Töne im Ultraschallbereich besonders empfänglich.

› Hell-Dunkel-Rhythmus: Tageslicht und Dunkelheit sollten ca. alle zwölf Stunden wechseln.

› Falscher Platz: Schlaf- und Kinderzimmer eignen sich nicht für den Käfig: Die Nager werden abends munter und sorgen für unruhige Nächte.

Die Käfigeinrichtung von A bis Z

Ratten schwärmen für Kuschelecken und Verstecke, sie brauchen Schlafhäuschen, Buddelkisten, Aussichtsplattformen und Kletter- und Turngeräte.

› Äste: Ein großer, verzweigter Ast, der vom Käfigboden bis zur oberen Etage reicht, ist der ideale Kletterbaum. Kleine Äste verbinden die Sitzbretter. Geeignet sind saubere und ungespritzte Äste von Obstbäumen, Weide, Buche und Eiche.

› Einstreu: den Boden 10 cm hoch mit Kleintierstreu oder Streu auf Mais- bzw. Hanfbasis bedecken. Die Einstreu muss geruchs- und staubfrei sowie saugfähig sein. Eine Bodenwanne (Höhe ca. 20 cm) verhindert, dass Streu beim Buddeln draußen landet.

› Hanfmatten (statt Einstreu): binden den Harn sehr gut, geben keinen Staub ab und lassen sich auf jede Größe zuschneiden.

› Futternäpfe: standfest und schwer (z. B. Keramik), die nicht kippen, wenn ein Tier auf dem Rand sitzt. Getrennte Näpfe für Körner- und Saftfutter.

› Kletterseile und Strickleitern: aus Sisal, Hanf oder Kokosfasern. Waagerecht gespannte Seile und Taue verführen zum Balancieren.

› Röhren und Rollen: aus Pappe, Keramik oder Ton. Röhrendurchmesser ca. 6–8 cm. Geeignet sind auch Abfluss- und Dränagerohre.

› Schlafhäuschen: Ein umgedrehter Blumentopf mit seitlicher Öffnung, 15 x 20 cm große Holzkisten, Meerschweinchenhäuser, aber auch Pappkartons eignen sich als Unterschlupf und Schlafplatz, gut ausgepolstert mit Zeitungs- oder Toilettenpapier. Planen Sie für je zwei Tiere mindestens eine Unterkunft auf verschiedenen Etagen ein. Regelmäßig säubern bzw. durch neue Häuschen ersetzen.

› Toilettenecke: Ratten akzeptieren auch Toiletten (z. B. Plastikschale oder Kleintiertoilette für Kaninchen). Streu: Zeitungspapier, Sand, Vogelsand.

› Sitzbretter: Geeignete Materialien: wasserfest und giftfrei lackiertes Sperrholz (Holzlack nach DIN EN 71) oder Hartplastik. Ungeeignet sind folienbeklebte Bretter, die oft angeknabbert werden. Etagenbretter über die ganze Käfigfläche brauchen Aussparungen für den Durchstieg, auch am Rand, damit die Tiere am Gitter hochklettern können. Befestigung: mit Haken oder als Klemmbretter.

› Treppen und Leitern aus Holz oder Hartplastik verbinden die einzelnen Käfigebenen miteinander.

› Wasserspender: Hygienisch ist nur die außen am Käfiggitter befestigte Nippeltränke. Nicht geeignet: offene Trinkgefäße, die schnell verschmutzen.

› Zeitungspapier: Als Nestmaterial und zum Wühlen in der Buddelkiste (→ Seite 44) bieten sich Papiertaschentücher, Zeitungs- und Toilettenpapier an. Die »Aufbereitung« in kleine Schnipsel besorgen die Bewohner selbst. Gefährlich sind Wolle und andere Textilien, in denen sich die Krallen verheddern.

Sicherheits-Check

Die Einrichtung muss sicher befestigt sein, speziell schwere Objekte wie Sitzbretter und Äste. Kontrollieren Sie regelmäßig Anbringung und Aufhängung von Treppen, Leitern und Seilen. Bei Tunnels und Röhren darauf achten, dass auch der dickste Bewohner leicht passieren kann. Schlecht schließende Käfigtüren mit Riegeln oder Schlössern sichern.

Käfigreinigung

Täglich: frisches Trinkwasser, Futterreste entfernen (speziell Saftfutter); jeden 2.–3. Tag: Toilettenecke säubern und verunreinigte Streu austauschen; alle zwei bis drei Wochen: Reinigung der gesamten Einrichtung, verschmutzte und von Harn durchtränkte Objekte und Materialien säubern oder ersetzen. Große Käfigtüren erleichtern die Reinigung.

Rechtsfragen bei Kauf und Haltung

TIPPS VOM
RATTEN-EXPERTEN
Gerd Ludwig

Tierhaltung ist Teil des Rechts auf eine ungestörte Persönlichkeitsentfaltung. Eingeschränkt werden darf sie nur, wenn andere unzumutbar belästigt oder geschädigt werden.

MIETWOHNUNG Ratten bringen den Hausfrieden selten in Gefahr. Daher braucht man für sie keine spezielle Genehmigung des Vermieters, vorausgesetzt, der Mietvertrag untersagt die Tierhaltung nicht prinzipiell. Das gilt allerdings nicht für sehr große Gruppen.

EIGENTUMSWOHNUNG Ein Haltungsverbot kann nur auf einstimmigen Beschluss der Eigentümergemeinschaft gefasst werden.

KAUFRECHT Der Käufer hat Anspruch auf gesunde Tiere, bei Mängeln kann er die Behebung der Fehler verlangen, anderenfalls den Kaufpreis mindern oder ganz vom Kauf zurücktreten.

HAFTUNG Der Halter haftet für alle Personen- und Sachschäden, die sein Tier verursacht (§ 833 BGB). Ratten sind wie kleine Heimtiere (und auch Katzen) über die Privathaftpflicht mitversichert.

Einzug und Eingewöhnung

Die neuen Familienmitglieder sind in der Transportbox sicher zu Hause angekommen. Die unbekannte Umgebung, die fremden Gerüche und Geräusche schüchtern die Ratten ein. Lassen Sie ihnen Zeit, bis sie wieder Mut gefasst haben und die Nase aus ihrem Unterschlupf stecken.

Kein Stress und keine Hektik

Das Domizil für Ihre Nager ist natürlich bereits vor Ankunft der neuen Bewohner bezugsfertig. Stellen Sie das Häuschen aus der Transportbox mitsamt den Tieren in den Käfig (je nach Käfiggröße kann man auch die Box selbst hineinsetzen), füllen Sie Futter- und Wassernapf und lassen Sie den Dingen ihren Lauf, ohne weiter am Käfig zu hantieren. Aus einiger Entfernung können Sie beobachten, was passiert. In den ersten Stunden zeigen sich Ihre Ratten kaum. Erst wenn der Hunger ganz groß und ringsherum alles ruhig ist, wagt sich die tapferste

vorsichtig sichernd, geduckt und in Deckung heraus, klaubt ein paar Körner aus dem Napf und ist blitzschnell wieder verschwunden. Schon bald jedoch registriert die kleine Truppe, dass außerhalb ihres Verstecks keine Gefahr droht, und erkundet zunehmend mutiger die neue Heimat.

› Wassernapf nur am Anfang: Da die Nager mit der Nippeltränke nicht vertraut sind und sich auch nicht bis zum Trinkbehälter am Gitter wagen, gibt es in den ersten Tagen Wasser aus einem Napf, der in der Nähe ihres Häuschens stehen sollte. Den Flüssigkeitsbedarf deckt zum Teil auch Saftfutter.

Handzahm in kleinen Schritten

› Sicherheitsabstand: Machen Sie die Ratten durch leises Pfeifen oder Lockrufe auf sich aufmerksam, wenn Sie sich dem Käfig nähern. Sobald die Käfigtür geöffnet wird, sind zuerst einmal alle von der Bildfläche verschwunden. Doch Ratten sind neugierig, sie gewöhnen sich bald an Ihre Gegenwart und verlassen immer häufiger ihr Häuschen, um Sie in Augenschein zu nehmen – wenn auch anfangs noch auf Distanz.

› Schnupperprobe: In der Regel hat sich die Käfig-Crew nach ca. 7–10 Tagen so an Sie gewöhnt, dass keiner mehr wegläuft. Animieren Sie die Ratten jetzt dazu, an Ihrer Hand zu schnuppern, vielleicht klettert die eine oder andere auch schon auf die offene Handfläche. Ratten haben eine feine Nase: Ihre Hände sollten nicht nach Reinigungsmitteln

Frisch eingezogen: Die Ratte nimmt Witterung auf, um sich in der fremden Umgebung zu orientieren.

oder Parfüm riechen. Ein mit der Hand angebotener Leckerbissen kann den Kontakt erleichtern, meist ist die Neugier der Tiere aber Antrieb genug.

› Streicheln tut gut: Sobald eine Ratte aus freien Stücken auf die Hand klettert, darf man sie behutsam kraulen und streicheln. Die Streicheleinheiten sind ein wichtiger Baustein der Vertrauensbildung und werden von zahmen Tieren sehr geschätzt.

› Partner Mensch: Vertraut die Ratte der Hand, darf man sie zum ersten Mal aus dem Käfig nehmen: Hand zur Schüssel formen, mit der anderen Hand seitlich absichern. Ganz langsam und nicht abrupt bewegen und die Aktion abbrechen, wenn die Ratte plötzlich unruhig wird oder Angst bekommt. Halten Sie eine Ratte niemals gegen ihren Willen fest.

1 SCHNUPPERTEST Schon bald siegt die Neugier über die Furcht vor dem fremden Zweibeiner. Lassen Sie Ihre neue Ratte an der Hand schnuppern, wenn sie aus freien Stücken ans Käfiggitter kommt. Vermeiden Sie abrupte und schnelle Bewegungen und beugen Sie sich nicht von oben über die Ratte, sondern gehen Sie in die Hocke, um weniger bedrohlich auf sie zu wirken.

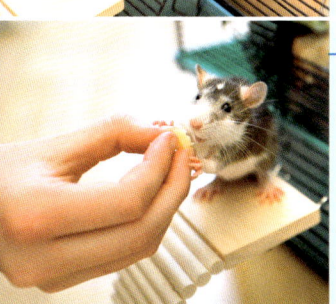

2 BEGRÜSSUNGSHÄPPCHEN Das Eis ist gebrochen, sobald die Ratte einen Leckerbissen aus Ihrer Hand akzeptiert. Sprechen Sie dabei leise und besänftigend mit ihr und drängen Sie ihr das Futter nicht auf, sondern lassen sie selbst entscheiden, ob und wann sie es nehmen will. Bleiben Sie geduldig und wiederholen Sie Ihr Angebot, wenn am Anfang noch die Scheu überwiegt.

3 VERTRAUENSBEWEIS Greifen Sie nicht nach der Ratte, solange sie noch unsicher und scheu ist. Halten Sie ihr aber immer wieder die offene Handfläche hin, bis sie von selbst draufklettert, und sichern Sie die Kletteraktion mit der anderen Hand seitlich ab. Jetzt lässt es die Ratte in der Regel auch zu, wenn Sie ihr sanft über Kopf und Rücken streicheln.

> Täglich Auslauf: Auch ein Käfig, in dem sich die Tiere viel beschäftigen können, ist kein Ersatz für Auslauf. Ratten haben einen extremen Bewegungsdrang und wollen ständig Neuland erkunden. Zwei Stunden Auslauf am Tag sorgen dafür, dass Körper und Köpfchen fit bleiben. Erlaubnis zum Freigang gibt es nur für handzahme Tiere, sonst artet das Wiedereinfangen schnell zur schweißtreibenden Suchaktion aus. Starten Sie die ersten Schnupperläufe auf überschaubarem Terrain, zum Beispiel im Bad oder Flur. Frühmorgens und am Abend sind Ratten besonders aktiv: genau die richtige Zeit für den Auslauf (→ Info, Seite 39).

> Nicht aus dem Haus: Handzahme Tiere kuscheln sich mit Vorliebe auf die Schulter, in den Ärmel oder die Hemdtasche ihres Besitzers und genießen es, überall dabei zu sein. In die Öffentlichkeit sollte man Ratten trotzdem nicht mitnehmen. Selbst ein nicht schreckhaftes Tier kann in bestimmten Situationen in Panik geraten, herunterfallen und sich verletzen oder wegrennen. Luftzug führt schnell zu Atemwegsinfektionen, und im Auto wird eine frei laufende Ratte zum unkalkulierbaren Risiko. Nicht zuletzt stoßen Ratten bei vielen Menschen immer noch auf Ablehnung, im Café oder Restaurant trägt eine Ratte daher nicht zur Imageverbesserung bei.

Hauptsache, es bewegt sich was: Schaukeln ist genau nach dem Geschmack der quirligen Nager. Und besonders dann, wenn sich eine Spielpartnerin findet, die der Schaukel erst so richtig Schwung gibt.

Was tun mit …?

Fast jede Ratte lässt sich schon nach wenigen Tagen hochnehmen und streicheln und knabbert uns zum Beweis ihrer Zuneigung liebevoll am Ohr. Nur selten braucht es etwas länger, um das Eis zu brechen.

… Angsthasen

Unter den Ratten gibt es selbstbewusste, freche, verschmuste und eigenwillige Naturen, aber auch ängstliche, die selbst nach Wochen noch flüchten, wenn man sich dem Käfig nähert.

› Hausverbot: Solange sich die Ratte verkriecht, gibt es keine Besserung: Nehmen Sie Schlafhaus und Verstecke aus dem Käfig und starten Sie noch einmal behutsam mit der Eingewöhnung (→ Seite 24).

› Röhrentransport: Um Panik beim Anfassen mit der Hand zu vermeiden, lässt man die Ratte in eine Röhre schlüpfen, deckt die Öffnungen mit der Hand ab und kann sie aus dem Käfig nehmen.

› Körperkontakt: Setzen Sie den Angsthasen unter Ihren Pullover oder das Hemd. Körperwärme und Dunkelheit wirken beruhigend. Oft wiederholen.

… Beißern

Furcht vor fremden Menschen, schlechte Erfahrungen mit Vorbesitzern, aber auch ein ausgeprägtes Revierverhalten können zu aggressiven Reaktionen und zur Bissigkeit der Ratte führen. So gewinnen Sie ihr Vertrauen:

› Besänftigen: Sprechen Sie die Ratte mit leiser, einschmeichelnder Stimme an, am besten während der ganzen Zeit, in der Sie sich mit ihr beschäftigen.

› Sanft bewegen: Vermeiden Sie schnelle und abrupte Handbewegungen. Plötzliches Wegziehen der Hand animiert die Ratte zur Verfolgung.

› Duftobjekt: Legen Sie ein getragenes Kleidungsstück (Handschuh, Socken) in den Käfig, damit sich die Ratte an Ihren Geruch gewöhnt.

› Bisstest: Umwickeln Sie Ihre Hand mit einer dicken Stoffbinde, die den Nagerzähnen widersteht, und ziehen Sie eine getragene Socke darüber (Eigengeruch). Meist schwächt sich das aggressive Verhalten ab, wenn die Ratte registriert, dass die Bisse keine Wirkung zeigen. Auch ein fester Lederhandschuh leistet hier gute Dienste.

› Weitere Ursachen: Mit Abwehrbeißen machen manche Ratten unmissverständlich klar, dass es ihnen gar nicht gefällt, wenn sie unsanft aus dem Schlaf gerissen werden. Beißt eine Ratte nur bei Berührung an einer bestimmten Stelle des Körpers, kann es sein, dass sie Schmerzen hat. Der Tierarzt sollte nach der Ursache forschen.

› Zwicken: Ratten zwicken den Menschen manchmal spürbar, aber nicht heftig in Finger, Zeh oder Ohr. Das ist ein Zeichen von spielerischem Übermut und Vertrauen und hat nichts mit Bissigkeit zu tun.

Richtig **hochheben** und tragen

BEIDE HÄNDE Eine Hand greift unters Hinterteil, die andere stützt sichernd Brust und Vorderkörper.

NIE AM SCHWANZ Hochnehmen am Schwanz ist für Ratten schmerzhaft, im Extremfall kann er abbrechen. Ebenfalls tabu ist der Griff in den Nacken.

DUFTNEUTRAL Riechen die Hände des Menschen nach Futter, kann es zu Fehlreaktionen kommen.

Ein Herz und eine Seele

Die Mitglieder des Rattenrudels erkennen sich am Gruppenduft und verteidigen ihr Revier gegen jeden fremden und anders riechenden Eindringling. Um Stress und oft auch blutige Kämpfe zu vermeiden, müssen sich neue und alteingesessene Ratten erst Schritt für Schritt kennenlernen, bevor man sie gemeinsam in einen Käfig setzt.

1 Einzelzimmer

Nach ihrer Ankunft bezieht die neue Ratte einen eigenen Käfig. Da sie hier nur für begrenzte Zeit wohnt, muss er nicht allzu groß sein, sollte ihr aber neben der Basisausstattung genügend Kletter- und Beschäftigungsmöglichkeiten bieten. Stellen Sie den Einzelkäfig in Sichtweite des Gruppenkäfigs auf, damit die Tiere sich riechen können.

Auf Abstand achten Stehen die Käfige unmittelbar nebeneinander, verhalten sich die Ratten meist aggressiv und bedrohen sich gegenseitig. Der Mindestabstand sollte ca. 2–3 m betragen.

2 Vertrauenstraining

Beschäftigen Sie sich intensiv mit der neuen Ratte, um sie an sich zu gewöhnen und handzahm zu machen (→ Seite 24). Das Vertrauen zum Menschen lässt sie selbstsicherer werden und nimmt ihr die Scheu vor der Begegnung mit den Artgenossen.

3 Möbeltausch

Tauschen Sie mehrmals und über mehrere Tage Einstreu, Polstermaterial und Einrichtungsgegenstände (z.B. die Schlafhäuschen) zwischen Rudelwohnung und Solokäfig, damit die Tiere sich schneller an die gegenseitigen Gerüche gewöhnen.

4 Neutrale Zone

Die erste Begegnung zwischen dem Neuzugang und einer Ratte aus dem Rudel findet unter Aufsicht auf neutralem Boden statt (z.B. im Bad oder im Flur), wo keine Seite ihr Hausrecht verteidigen muss. Wählen Sie dafür zuerst das umgänglichste Tier des Rudels aus, später folgen die anderen. Kleinere Rangeleien sind normal (→ Info unten), trennen müssen Sie die Ratten nur, wenn es zu heftigen Kämpfen kommt (Handschuh bereithalten!).

5 Probewohnen

Nach dem Möbeltausch folgt der Wohnungstausch. Für einen Tag oder die Nacht wechseln beide Seiten die Unterkunft: Die Gruppe zieht in den Einzelkäfig, die neue Ratte ins Rudeldomizil.

6 Familienanschluss

Läuft bis hierhin alles easy, darf die Neue erstmals probehalber in die Gruppe. Am Anfang sträubt man noch die Haare, meist dauert es aber nicht lange, bis alle gemeinsam kuscheln.

Rangkämpfe unter Männern

DOMINANTE MÄNNER In Rangordnungskämpfen testen Rattenmännchen, wer der Stärkere ist.

KAMPFWEISE Typisch: Schlagen mit den Vorderpfoten (»Boxen«) in aufgerichteter Körperhaltung.

KAMPFSTOPP Der Verlierer gibt auf, indem er sich auf den Rücken legt (Demutshaltung → Seite 36). Verletzungen sind bei Rangkämpfen selten.

Die gesunde Ernährung der Ratte

Ratten sind Allesesser. Doch nicht alles, was essbar ist, bekommt ihnen auch. Wild lebende Ratten reagieren auf unbekannte Kost zurückhaltend. Dass sie allerdings ein Rudelmitglied zum Vorkosten losschicken, gehört ins Reich der Anekdoten. Unsere zahmen Ratten verhalten sich in Futterfragen unbekümmerter als ihre wilden Verwandten. Es ist daher die Aufgabe des Halters, für eine gesunde und ausgewogene Ernährung seiner Tiere zu sorgen.

Vor allem Körner

Körnerfutter ist reich an Kohlenhydraten und liefert Tieren, die wie die Ratten ständig in Bewegung sind, die notwendige und leicht verwertbare Energie. Im Zoofachhandel gibt es viele verschiedene Fertigmenüs auf Körnerbasis, die eine gesunde Abwechslung im Futternapf garantieren. Zu den Hauptbestandteilen gehören Hafer, Weizen, Gerste, Mais, Hirse, Leinsamen, Erbsen, Sonnenblumen- und Kürbiskerne, Haferflocken, Karotten, Erdnüsse, getrocknete Früchte (z. B. Bananenchips), viele weitere Sämereien sowie Vitamine und Mineralstoffe. Körnermischfutter enthält u. a. Fleisch zur Deckung des Bedarfs an tierischem Eiweiß und kann auch als Alleinfutter angeboten werden. Nicht geeignet als Alleinkost sind Futtermischungen für Meerschweinchen und Hamster. Bei einer Mahlzeit verzehren Ratten stets nur kleine Portionen, gehen dafür aber mehrmals am Tag, häufig im Stunden- oder Zweistundenrhythmus zum Napf. Körnerfutter sollte ihnen daher immer zur Verfügung stehen. Gutes Trockenfutter enthält neben vielen Getreidesorten Kräuter, getrocknetes Gemüse, Sämereien, Trockenfrüchte und etwas Eiweiß, aber nur wenige Pellets und keinen Zucker.

Etwas Ei und ein Häppchen Käse

Obwohl sie hauptsächlich von pflanzlicher Nahrung leben, verschmähen Ratten tierische Kost keineswegs. Bei den wild lebenden Ratten steht Fleisch relativ selten auf dem Speisezettel, weil es meist Mühe macht, an geeignete Futterquellen zu gelangen. Die zahme Verwandtschaft zeigt sich von der Abwechslung im Napf begeistert. Trotzdem sollte man mit tierischem Eiweiß sparsam umgehen und nicht mehr als ca. zweimal pro Woche eine kleine Käseecke (milder Hartkäse), ein hart gekochtes Ei oder etwas Naturjoghurt und Quark füttern. Auch Trockenfutter für Hunde ist ein guter Proteinlieferant, trifft aber offensichtlich nicht bei allen Ratten den Geschmacksnerv.

Risiko Überversorgung Ein zu hoher Anteil an tierischer Kost kann Allergien und Hautprobleme verursachen; vermutet wird auch, dass die Ratten für Krebserkrankungen anfälliger werden.

Kotfressen nicht verbieten

BLINDDARMKOT Ratten fressen bis zu 60 Prozent des speziellen, weichen und hellen Blinddarmkots.

VITAMINREICH Blinddarmkot enthält wertvolle Nährstoffe und Vitamine. Hindert man die Tiere am Kotfressen, kommt es zu Mangelerscheinungen.

JUNGTIERE Vom 15.–28. Lebenstag nehmen auch Rattenbabys den Blinddarmkot der Mutter auf.

Grün- und Saftfutter

Frisches Obst und Gemüse gehört täglich in den Napf. Vor dem Verfüttern waschen und trocknen, bei Kernobst Kerngehäuse bzw. Kerne entfernen (enthalten Blausäure). Zitrusfrüchte und Beerenobst sollte man wegen ihres hohen Säuregehalts nur in Miniportionen anbieten, Kartoffeln müssen vorher abgekocht werden. Von Ratten heiß geliebt: Karotten und Gurken, die darüber hinaus gut für die schlanke Linie sind. Nicht verschmäht werden auch Katzengras und Kräuter wie Löwenzahn und Vogelmiere.

Nager brauchen Knabberkost

Trockenes Brot, Knäcke- und Vollkornbrot, Zwieback und Hundekuchen sorgen dafür, dass die ständig nachwachsenden Nagezähne genügend abgenutzt werden. Und im Zoofachhandel finden Sie garantiert genau das Knabberprodukt, von dem Ihre Rasselbande schon immer geträumt hat.

Kleine Leckereien zum Verwöhnen

Bei Mais, Sonnenblumenkernen, Erd-, Hasel- und Walnüssen und ähnlichen Kalorienbomben kennen Ratten keine Grenzen: Ein übermäßiges Angebot bringt die schlanke Linie jedoch schnell in Gefahr. Füttern Sie die Dickmacher nur ab und zu als Leckerbissen mit der Hand. Bei neuen und noch scheuen Käfigbewohnern kann eine solche Verwöhnkur allerdings mithelfen, das Eis schneller zu brechen und erste Kontakte zu knüpfen.

Leckeres Knäckebrot: Das schmeckt und sorgt dafür, dass die ständig nachwachsenden Nagezähne ausreichend abgenutzt werden.

Trinkwasser täglich frisch

Zwei Nippeltränken am Käfiggitter stellen sicher, dass immer Trinkwasser vorhanden ist. Wasser täglich ersetzen, die Trinkröhrchen einmal pro Woche reinigen, um Ablagerungen und Algenbildung zu verhindern. Weichen Sie auf stilles Mineralwasser aus, wenn Ihr Leitungswasser stark gechlort ist.

Das ist schädlich für Ratten

> Kohl, Bohnen, Zwiebeln rufen Blähungen hervor.
> Kuhmilch: Milchzucker (Laktose) ist unverträglich.
> Tabu: rohe Kartoffeln, verschimmeltes Obst, gewürzte Speisen, Essensreste.
> Kopfsalat enthält viel Nitrat, besser: Eisbergsalat.
> Zitrusfrüchte: Säure führt zu Magenproblemen.

Die wichtigsten Fütterungstipps

Mit einer ausgewogenen und artgerechten Ernährung stellen Sie sicher, dass Ihre Ratten lange fit und gesund bleiben. Die folgenden Tipps haben sich in der täglichen Fütterungspraxis bewährt.

Futterkontrolle und Frischedienst

› Tagesration ermitteln: Bemessen Sie die Futtermenge für Ihre Ratten möglichst so, dass nach ca. 24 Stunden nur noch ein kleiner Rest davon im Napf zurückbleibt.

› Vorratslager kontrollieren: Ihre Ratten legen an mehreren Stellen im Käfig Nahrungsdepots an. Kontrollieren und leeren Sie die Verstecke regelmäßig.
› Nahrungsreste entfernen: Altes Obst und Gemüse spätestens am nächsten Tag entfernen, um eine Schimmelbildung zu verhindern. Das gilt auch für Körnerfutter, das von Harn durchfeuchtet ist.
› Futtersuche hält fit: Deponieren Sie Nüsse und Leckerbissen an verschiedenen Stellen im Käfig, um die Nager zur Futtersuche anzuregen. Die Ratten haben Spaß dabei und bleiben fit.
› Essen am Stück: Äpfel, Birnen und andere Obstsorten müssen nicht in mundgerechten Stückchen verfüttert werden: Ratten haben kräftige Zähne und stürzen sich mit Begeisterung auf die große Frucht. Kerne und Kerngehäuse sollten Sie jedoch vorher entfernen. Bei Karotten allerdings zeigen sich viele Ratten eigen: Einzelne Scheibchen finden meist mehr Anklang als eine unzerteilte Karotte.
› Vitamine und Mineralstoffe: Fertigfutter-Menüs für Ratten enthalten alle lebenswichtigen Vitamine, Mineralstoffe und Spurenelemente in einem ausgewogenen Verhältnis. Zusätzliche Gaben sind in der Regel nicht nötig, ein übermäßiges Vitaminangebot ist oft sogar schädlich. Der Organismus der Ratte kann Vitamin C selbst herstellen (ähnlich wie es auch für die Katze gilt), während der Mensch es mit der Nahrung aufnehmen muss.

Den Leckerbissen aus der Hand lieben alle. Mehr für die Fitness Ihrer Ratten können Sie tun, wenn Sie Futter im Käfig verstecken. Die Suche danach hält die Nager auf Trab und macht Laune.

Hauptsache in Gesellschaft

Für Ratten ist die Nähe der Artgenossen lebenswichtig. Nur in der Gruppe fühlen sie sich sicher und geborgen. Solo gehaltene Tiere haben Verhaltensdefizite und werden in der Folge nicht selten krank.

Tut gut

Besser nicht

+ Der Käfig ist der Lebensmittelpunkt Ihrer Ratten: Zur Basisausstattung gehören Versteck- und Schlafplätze auf mehreren Ebenen und möglichst viele Spiel- und Beschäftigungsangebote.

+ Regelmäßiger Wohnungsauslauf ist Pflicht – auch bei einem großen Käfig.

+ Ratten sind soziale Tiere und brauchen die Gesellschaft ihrer Artgenossen: Starten Sie mit mindestens 2–3 Tieren.

+ Lassen Sie einer neuen Ratte Zeit, bis sie mit Ihrer Nähe, Ihrer Stimme und Ihrem Geruch vertraut ist.

− Im gemischten Rudel stellt sich schnell Nachwuchs ein. Entscheiden Sie sich für eine reine Weibchengruppe oder lassen Sie die Männchen kastrieren.

− Ratten lieben Käse und Nüsse. Bieten Sie fett- und kalorienhaltige Kost nicht regelmäßig an, um Gewichts- und Gesundheitsprobleme zu vermeiden.

− Heben Sie Ratten nie am Schwanz hoch.

− Wer Neuankömmlinge sofort zur bereits bestehenden Gruppe setzt, riskiert böses Blut. Gewöhnen Sie die Tiere in getrennten Käfigen aneinander.

− Hindern Sie die Ratten nicht daran, den Blinddarmkot aufzunehmen.

LEBEN MIT RATTEN

Ratten sind höfliche und freundliche Tiere. Nächstenliebe und Gemeinschaftsgeist bestimmen das Miteinander. Das schließt auch die Menschen ein, zu denen die Nager Vertrauen gefasst haben.

Langweilig wird's mit Ratten nie

Warum gerade Ratten? Für Rattenbesitzer keine Frage. Es sind vor allem drei ganz besondere Eigenschaften, die Ratten für sie zu den einzig wahren Heimtieren werden lassen: die außergewöhnliche Intelligenz, eine ausgeprägte Menschenfreundlichkeit und ihre atemberaubende Gewandtheit und Körperbeherrschung.

Geliebter Mensch

Zweibeiner sind ein prima Kletterbaum, aber auch viel mehr. Hat eine Ratte ihren Menschen erst einmal ins Herz geschlossen, ist seine Nähe wichtiger als vieles andere: Frühmorgens wartet man bereits sehnsüchtig am Käfiggitter und begrüßt ihn begeistert, wenn er endlich auftaucht. Und ähnlich wie bei befreundeten Artgenossen sucht man die Kuschelnähe, um seiner Zuneigung z. B. durch zärtliches Knabbern am Ohr Ausdruck zu verleihen.

Ratten sind neugierige Wesen, sie interessieren sich für alles und jeden und finden sich in fremden Situationen sehr schnell zurecht. Ihre rasche Auffassungsgabe erleichtert die Kommunikation, fast immer begreifen sie nach erstaunlich kurzer Zeit, was man von ihnen will. Ihr Köpfchen beweist sich unter anderem in Labyrinthversuchen, wobei auch das untrügliche Ortsgedächtnis eine Rolle spielt.

Jobtraining und Tagesausflüge

Wer fix im Kopf und auf den Beinen ist, braucht die regelmäßige Herausforderung. Das trifft den Geschmack Ihrer Truppe: eine Kiste zum Wühlen, das geheimnisvolle Laufröhrensystem, ein Seil zum Balancieren, die Schaukel für Luftakrobatik, Suchaufgaben, Lernspiele und vieles mehr. Und natürlich dürfen die naseweisen Nager jeden Tag auch auf »Auslandsreise« durch die Wohnung gehen.

Gesellschaft mit festen Regeln

Wilde Ratten leben in Großfamilien, in denen sich die meist miteinander verwandten Rudelmitglieder am gruppenspezifischen Geruch erkennen. Auch der Eigenbezirk wird mit Duftstoffen markiert und gegenüber fremden Artgenossen verteidigt.

Harmonie im Rudel

Im Rudel geht man zuvorkommend und freundlich miteinander um. Die Verständigung der Ratten basiert auf einer komplexen Laut- und Körpersprache. Sie stellt sicher, dass es in der Gruppe nur selten zu Missverständnissen und Streit kommt.

> Gleichberechtigung: Eine auf den ersten Blick erkennbare Rudelstruktur mit fester Rangordnung gibt es zumindest bei den Weibchen nicht. Ihren Nachwuchs ziehen sie oft sogar gemeinsam auf.
> Dominante Männer: Unter den Rattenmännchen kommt es manchmal zu Rangeleien. Signalisiert der Unterlegene durch Demutshaltung (→ rechte Seite) seine Niederlage, enden Auseinandersetzungen meist ohne größere Blessuren. Gibt allerdings bei gleich starken Gegnern keiner klein bei, können ernstere Kampfspuren die Folge sein.
> Duftausweis: Ratten leben in einer Geruchswelt, die Augen spielen eine untergeordnete Rolle, selbst blinde Tiere finden sich gut zurecht. Die Rudelmitglieder erkennen sich am gruppentypischen Duft.
> Besitzurkunde: Mit Harntröpfchen markieren Ratten sämtliche Gegenstände in ihrem Revier und alles, was sie als ihren Besitz und Teil des Rudels betrachten – inklusive der vertrauten Menschen.

Die wichtigsten Verhaltensweisen

Um die Grundbedürfnisse der Ratten erfüllen zu können (→ Info rechts), müssen Sie ihre typischen Reaktionen und Verhaltensweisen kennen.
> Revierverhalten: Im Revier attackieren die Rudelmitglieder jeden anders riechenden Artgenossen. Alle Veränderungen werden gründlich inspiziert.
> Erkundungsverhalten: Ratten nutzen jede Möglichkeit, unbekannte Lebensräume zu erkunden.

Komplexe Kommunikation: Die sozialen Kontakte im Rattenrudel sind geprägt von einer hoch entwickelten Laut- und Körpersprache.

Magisch angezogen werden sie dabei von Spalten, Höhlen und dunklen Ecken. Harntröpfchen als Wegmarken erleichtern ihnen das Heimfinden.

› Komfortverhalten: Ratten sind außerordentlich reinlich und widmen der Körperpflege (→ Seite 9) viel Zeit. Gegenseitiges Lecken und Beknabbern des Fells (Allogrooming) festigt die sozialen Kontakte und ist Ausdruck der Zuneigung.

› Paarungsverhalten: Eine feste Partnerbindung gehen Ratten nicht ein. Fortpflanzungsfähige Weibchen paaren sich mit mehreren Männchen.

Laut- und Körpersprache

Lautsprache Viele Lautäußerungen liegen im für den Menschen unhörbaren Ultraschallbereich.

› Fiepen: Angstlaut scheuer Tiere, verlassene Nestjunge rufen fiepend nach der Mutter.

› Schnauben und Fauchen: Droh- und Warnlaute, zum Beispiel gegenüber fremden Ratten.

› Zähneknirschen kann sowohl Wohlbefinden wie Furcht ausdrücken. Wird erst durch die begleitende Körpersprache verständlich.

Körpersprache Ratten verfügen über eine vielfältige, gleichzeitig aber deutliche Körpersprache, die auch der Mensch sehr gut erkennen kann.

› Sichern: Mit erhobener Schnauze nimmt die Ratte Witterung auf, besonders oft in fremder Umgebung.

› Begrüßungsritual: gegenseitiges Beschnuppern von Schnauze, Fell und Analbereich.

› Imponieren und Drohen: seitliche Körperstellung auf steifen Beinen, gesträubtes Fell, halb geschlossene Augen, Bewegungen im Zeitlupentempo.

› Demutshaltung: Der Verlierer eines Kampfes verharrt in Seiten- oder Rückenlage.

› Übersprungverhalten: In Konflikten zeigen Ratten im »Übersprung« ähnlich wie andere Tiere oft ein unangepasstes Verhalten (z. B. Lecken des Fells).

Grundbedürfnisse respektieren

TIPPS VOM
RATTEN-EXPERTEN
Gerd Ludwig

RATTENHEMD Ratten erkennen ihren Besitzer am Geruch. Tragen Sie Kleider, die nach Ratte riechen, wenn Sie sich mit den Nagern beschäftigen.

NICHT WECKEN Reißen Sie Ihre Ratten nie aus dem Schlaf.

NICHT ALLES NEU Die neue Kuschelhöhle, ein tolles Turngerät: genau nach dem Geschmack Ihrer Ratten. Tauschen Sie aber nie die gesamte Käfigeinrichtung aus. Das sorgt für Verwirrung und oft auch für Probleme im Rudel.

FLUCHTPUNKT Bei Kämpfen muss der Verlierer die Möglichkeit haben, sich in einem Versteck im Käfig in Sicherheit zu bringen.

KLEINER EINGRIFF Rauflustige Männchen sind nach der Kastration fast immer umgänglicher.

ALARMSIGNAL Die Furcht vor Greifvögeln ist ererbt. Greifen Sie nie von oben nach einer Ratte.

BADESPASS Es gibt »Wasserratten« und Bademuffel: Lassen Sie Ihre Tiere selbst entscheiden, ob sie ins Planschbecken wollen (→ Seite 45).

Die Ratte in der Familie

Ratten brauchen Gesellschaft. Dabei ist ihnen nicht nur die Nähe der Artgenossen wichtig, sondern auch die Fürsorge und Liebe vertrauter Menschen.

Familienanschluss garantiert

Mit dem Käfig und etwas Körnerfutter ist es nicht getan: Wer sich für Ratten entscheidet, muss sie in sein Leben und seinen Alltag integrieren. Mehr als andere kleine Heimtiere gehören Ratten zur Familie und fordern Zuwendung und Zuspruch.

› Logenplatz: Keine Abschiebehaft in einer dunklen Ecke! Stellen Sie den Käfig dort auf, wo die Ratten mitverfolgen können, was in der Wohnung passiert. Die Pluspunkte für einen erhöhten Standort (ca. 100–120 cm): Die Bewohner fühlen sich sicherer und können besser »fernsehen«.

Kinder müssen den verantwortungsvollen Umgang mit Ratten lernen. Kleinere Kinder sollten eine Ratte nicht in die Hand nehmen.

› Geruchswelten: Wie die meisten Nagetiere sind Ratten sogenannte Makrosmaten: Sie sehen nur unscharf, dafür liefert ihnen aber ihr Geruchssinn detaillierte Informationen über die Umgebung. Besonders aufregend ist es für das Nasentier Ratte dort, wo es viele unterschiedliche Düfte und Wohlgerüche zu schnuppern gibt. Wer ein sensibles Näschen hat, reagiert zwangsläufig auch stärker auf unangenehme Geruchsstoffe: Tabakrauch ist für Ratten noch lästiger (und schädlicher) als für einen nichtrauchenden Menschen.

› Terminkalender: Halten Sie möglichst feste Zeiten ein, wenn Sie die Tiere versorgen und sich mit ihnen beschäftigen. Ihre Ratten haben den Terminkalender nach wenigen Tagen auf die Minute genau im Kopf und erwarten Sie meist schon vor der Zeit sehnsüchtig am Käfiggitter.

› Tagestouren: Der tägliche Auslauf in der Wohnung ist Pflicht (→ rechte Seite). Auch hier gilt: möglichst immer zur gleichen Zeit.

› Schmusestunde: Ratten sind schmusesüchtig: Der innige Körperkontakt vermittelt Geborgenheit und Wärme, bei den Artgenossen wie beim Menschen. Die Schmusestunde mit dem Besitzer ist das Highlight des Tages.

› Vertrauensfrage: Ratten, die keinen regelmäßigen Kontakt mit Menschen haben, werden immer scheuer. Das gilt auch für zuvor handzahme Tiere.

Kinder und Ratten

Jüngere Kinder bis zum 6. Lebensjahr sollten Ratten weder anfassen noch auf die Hand nehmen. Zu groß ist das Risiko, dass sie die quirligen Nager fallen lassen oder versehentlich so stark drücken, dass die sich beißend zur Wehr setzen. Einen kleinen Leckerbissen durch das Käfiggitter anbieten ist natürlich ebenso erlaubt wie das Streicheln einer Ratte, wenn sie von den Eltern gehalten wird. Die älteren Kinder lernen schnell, was die Reaktionen und Verhaltensweisen der Nager bedeuten. Da ihnen anfangs noch die Erfahrung und Übung im Umgang mit den Tieren fehlen, sollten sich die ersten Schnupperbegegnungen auf dem Tisch abspielen, wo es bei eventuellen »Fehlgriffen« nicht zu Abstürzen kommen kann. Mit zehn Jahren dürfen die Kinder dann auch die Verantwortung für Pflege und Fütterung der Käfigbewohner übernehmen.

Ratten und andere Heimtiere

Für eine Familie, bei der Hund, Katze, Wellensittich, Hamster oder Meerschweinchen unter einem Dach leben, sind Ratten nicht die richtigen tierischen Partner. Die Großen machen im Zweifelsfall Jagd auf die Nager; kleine Heimtiere und Stubenvögel müssen vor den Ratten geschützt werden. Beispiele friedlicher Koexistenz gibt es immer wieder, etwa zwischen Katzen und Ratten. Ausschließen kann man aber nie, dass in einem unbewachten Moment oder einer Schrecksekunde nicht plötzlich doch ererbte Jagdinstinkte die Oberhand gewinnen. Mit Tieren, die wie Ratten im Käfig leben, fällt die Gemeinschaftshaltung leichter. Um Stressreaktionen zu vermeiden, sollten die Käfige nicht direkt nebeneinanderstehen bzw. besser noch in verschiedenen Zimmern untergebracht werden (z. B. die von Ratten und Mäusen).

Auslauf unter Aufsicht

Gönnen Sie den Ratten die tägliche Erkundungsreise in der Wohnung. Findet der Freigang immer zur gleichen Zeit statt, steht die ganze Belegschaft

Gefahren beim **Wohnungsauslauf**

PROBLEM	SITUATION UND ABHILFE
TÜREN UND FENSTER	Ratten drücken sich durch jeden Türspalt; in Kippfenstern können sie eingeklemmt werden. Vor Freilauf Türen und Fenster schließen.
SCHUBLADEN, SCHRÄNKE	Offene Schubladen ziehen Ratten magisch an. Alle schließen, um nicht stundenlang nach einem Tier suchen zu müssen oder es versehentlich einzusperren.
STECKDOSEN, ELEKTROKABEL	Kindersicherungen für die Steckdose schützen vor Stromschlag. Kabel so verlegen, dass sie nicht angeknabbert werden können.
BLUMEN UND PFLANZEN	Viele Zimmerpflanzen sind für Ratten giftig, möglichst alle entfernen; Erde in Pflanzkübeln zum Schutz vorm Buddeln abdecken.
RITZEN UND SPALTEN	Jeder Spalt unter Schränken und Regalen ist ein interessantes Versteck. Achten Sie darauf, dass diese Stellen unzugänglich sind.
LEBENSMITTEL	Lebensmittel wegstellen, das gilt auch für Essensreste im Abfall.
CHEMIKALIEN, GIFTSTOFFE	Reiniger, Wasch- und Lösungsmittel, Farben, Lacke, Alkohol und Tabakwaren dürfen nie offen zugänglich sein.
ANDERE HEIMTIERE	Während des Auslaufs haben alle anderen Tiere Zimmerverbot.
MENSCH	Vorsichtig und kontrolliert bewegen, um nicht auf ein Tier zu treten; nicht rückwärts gehen.

Innige Beziehung: Für zahme Ratten gibt es nichts Schöneres, als mit dem Menschen zu kuscheln und in seine Hemd- oder Jackentasche zu schlüpfen.

garantiert auf die Minute pünktlich an der Käfigtür. Ausgeherlaubnis erhalten nur handzahme Tiere, neue Ratten erst nach Eingewöhnung, scheue und misstrauische nach einem hoffentlich erfolgreichen Vertrauenstraining.

› Gefahrenkontrolle: Überprüfen Sie vor jedem Auslauf gewissenhaft, ob die Wohnung rattensicher ist (→ Info, Seite 39).

› Anwesenheitspflicht: Ein Malheur ist schnell passiert – manchmal schon, wenn Sie nur für einen kurzen Augenblick aus dem Zimmer gehen. Daher gilt: Solange die Ratten auf Tour sind, müssen sie ständig unter Aufsicht bleiben.

› Grüppchenweise: Bei Rudeln von sechs oder mehr Ratten sollten nicht alle gleichzeitig Auslauf haben, weil man nicht jede im Auge behalten kann. Problemlos geht es paarweise, zu dritt oder zu viert, vor allem mit Tieren, die sich gut verstehen.

› Spielplatz: Wenn Ihre Ratten während des Auslaufs auf einem Kletterbaum herumturnen oder ein Röhrensystem erkunden können, kommen sie nicht auf dumme Gedanken, und Sie haben die Rasselbande immer im Blick. Und weil es bestimmte Spiel- und Turngeräte nur außerhalb des Käfigs gibt, sind sie für die Ratten besonders reizvoll.

› Kein Reiseproviant: Füttern sollten Sie Ihre Ratten nur im Käfig. Viele kehren freiwillig nach Hause zurück, wenn ihr Magen knurrt, für die anderen hält man einen Leckerbissen vor die offene Käfigtür, um sie anzulocken.

› Aufstiegsangebote: Stellen Sie eine kleine Leiter oder Treppe an den Käfig, damit die Ratten aus eigenem Antrieb in ihr erhöht stehendes Eigenheim klettern können. Die Möglichkeit, selbstständig in den Käfig zurückzukehren, gibt ihnen Sicherheit.

› Sperrgebiet: Mit Harntröpfchen markieren Ratten ihren Besitz, setzen sie aber auch als Orientierungshilfe bei den Erkundungsgängen ab. Um wertvolle und empfindliche Möbel und Teppiche zu schonen, sollte der Auslauf auf ein Zimmer mit weniger kostbarem Inventar beschränkt bleiben.

Entwischt…!

Alle Ratten sind potenzielle Ausbrecher, und sie verfügen über einen untrüglichen Ortssinn: Hat eine Ratte einen Durchschlupf ausbaldowert, muss er umgehend versperrt werden, sonst versucht sie es an dieser Stelle wieder. Entwischte Tiere kommen nach einiger Zeit meist freiwillig hervor, wenn der Hunger groß ist und die Sehnsucht nach den Artgenossen sie treibt. Handzahme Ratten lockt man mit Futter, bei scheuen hilft oft ein in der Nähe ihres Verstecks aufgestelltes Schlafhäuschen. Einige kann man auch dazu überreden, in eine Röhre zu kriechen, in der es nach einem Leckerbissen riecht.

10 Pluspunkte für die Partnerschaft

Zehn Punkte für den Umgang mit Ratten, die dafür sorgen, dass sich Ihre Tiere sicher und geborgen fühlen und Sie als Rudelmitglied akzeptieren.

1. Freunde werden Lassen Sie neuen Ratten Zeit, bis sie sich an die fremde Umgebung und Ihre Nähe gewöhnt haben (→ Seite 24).

› Eigene Persönlichkeit: Manche Tiere bleiben zeitlebens scheu und zurückhaltend. Versuchen Sie nicht ihr Vertrauen zu erzwingen.

2. Wohnen nach Rattenart Entscheiden Sie sich für einen großen Käfig mit abwechslungsreicher Einrichtung auf mehreren Ebenen (→ Seite 19).

› Der richtige Standort: Der Käfig muss dort stehen, wo seine Bewohner viel miterleben können.

3. Neuland entdecken Täglicher Auslauf hält fit, fordert und fördert Intelligenz (→ Seite 39).

› Vertrauen ist Voraussetzung: Die Erlaubnis zum Freigang erhalten nur handzahme Ratten.

4. Duft, der verbindet Tragen Sie Kleidung, die nach Ratte riecht, wenn Sie sich mit Ihren Tieren beschäftigen.

› Futtergeruch: Ihre Hände sollten nicht nach Essen riechen, um Bisse in die Finger zu vermeiden.

5. Richtig ernähren Neben Körnern als Hauptnahrung brauchen Ratten Grün- und Saftfutter.

› Käseecke: Tierisches Eiweiß nicht täglich anbieten.

6. Gesund erhalten Regelmäßige Gesundheitsinspektion ist Pflicht. Bei Krankheitsverdacht nicht lange abwarten.

› Verhaltensänderung: Erkrankungen erkennt man bei Ratten häufig am veränderten Verhalten.

7. Kuschelmuschel Zahme Ratten lieben es, mit ihrem Besitzer zu schmusen, und brauchen die Körpernähe für ihr Wohlbefinden.

› Nicht wecken: Spielen und schmusen Sie nur mit den Tieren, wenn sie hellwach sind.

8. Sport und Spiele Ausgiebige Beschäftigung ist für Ratten lebenswichtig (→ Seite 42).

› Auf Nummer sicher: Schützen Sie Ihre Ratten im Käfig und beim Auslauf vor möglichen Abstürzen.

9. Hausfreunde unerwünscht Um Risiken von vornherein auszuschließen, sollten Ratten zu tierischen Mitbewohnern keinen Kontakt haben.

› Auf Distanz: Stellen Sie einen Käfig mit anderen kleinen Heimtieren nicht im gleichen Zimmer auf.

10. Lieber daheim Reisen bedeutet Stress für die Ratten. Zur Urlaubszeit sollten Sie für eine kundige Betreuung in gewohnter Umgebung sorgen.

› Sicher unterwegs: Transport (z. B. zum Tierarzt) grundsätzlich nur in der geschlossenen Reisebox.

Pluspunkt artgerechte Ernährung: Bieten Sie Ihren Ratten Käse und andere tierische Eiweiße nur ab und zu als Leckerbissen an.

Die schönsten Spiele für Ratten

Der Käfig ist der Lebensmittelpunkt Ihrer Ratten, ein abwechslungsreiches Beschäftigungsangebot sorgt dafür, dass sie fit und gesund bleiben.

Aufs richtige Material achten

Das gesamte Inventar des Rattenkäfigs muss aus stabilen und ungiftigen Materialien ohne spitze Ecken und Kanten bestehen, die nicht splittern und leicht zu reinigen sind. Das gilt vor allem für Spielzeug und Turngeräte, mit denen sich die Bewohner besonders intensiv beschäftigen.

1 Tunnelläufer: Dunkle Röhren und Tunnels ziehen jede Ratte magisch an. Längere Röhren müssen Ausstiegsöffnungen haben.

2 Immer auf Ballhöhe: Ratten sind ständig auf Achse und begeistern sich für alles, was sie schubsen, rollen oder drehen können.

› Holz: Treppen, Leitern, Brücken, Wippen und viele andere Spielgeräte kann man fertig im Zoofachhandel kaufen oder aus Holz ohne viel Aufwand selbst basteln. Holz von Nadelbäumen bitte nicht verwenden (enthält Harze). Unbehandeltes Holz muss regelmäßig gründlich gereinigt und nach einiger Zeit ersetzt werden, weil es sich schnell mit Harn vollsaugt. Das gilt auch für die Naturäste eines Kletterbaums, für Wurzeln und Baumstämme. Giftfrei und wasserfest lackiertes (nach DIN EN 71) oder beschichtetes Holz braucht weniger Pflege.
› Chemiefrei: Verwenden Sie zum Säubern von Holzspielzeug nur heißes Wasser oder Essigwasser.
› Kunststoff: Hartplastik und Plexiglas widerstehen den Nagezähnen und lassen sich leicht reinigen. Weicher Kunststoff ist gefährlich (→ Info rechts).
› Kork: Kork stellt eine gute Alternative zu Holz dar; kein Gesundheitsrisiko, wenn es beknabbert wird.
› Stein: Natursteine ergeben tolle Treppen, Ytong-Steine werden zu attraktiven Verstecken.
› Textilien: Hand- und Küchentücher sind ideale Hängematten. Empfehlung: Leinen, Baumwolle, Jeansstoff. Neue Textilien vorher waschen, um eventuelle Imprägnierungsmittel zu entfernen.
› Fußfalle: In Stoffen, deren Fäden in Schlingenform gewirkt wurden, können sich die Krallen und Zehen der Ratte verhaken.
› Keramik und Ton: In Bau- und Gartenmärkten finden Sie viele Produkte, die als Röhren und Tunnel exakt den Geschmack spielfreudiger Ratten treffen.
› Pappe und Papier: Aus Karton oder Wellpappe lässt sich im Handumdrehen ein kleines Labyrinth basteln; Toilettenpapier, Papiertaschentücher oder Zeitungspapier braucht man für die Buddelkiste.

Kletterspiele

› Kletterbaum: Ein fantasievoll gestalteter Kletterbaum wird schnell zum Zentrum des Rattenlebens. Äste, Leitern, Kletterseile, Hängematten, Röhren, Höhlen, Häuschen, Schaukeln – Ratten begeistern sich für jedes Spiel- und Beschäftigungsangebot. Basis kann ein selbst gebasteltes Klettergerüst aus mehreren Ästen, Leisten und Seilen sein, aber auch ein großer verzweigter Ast, der vom Käfigboden bis in die oberste Etage reicht. Wichtig: eine sichere Verankerung am Boden und die Befestigung an mehreren Stellen des Käfigrahmens oder -gitters. Einen kleineren, transportablen Kletterbaum kann man den Ratten im Auslauf anbieten. Ein schwerer Fuß, z.B. ein mit Zement oder Steinen gefüllter Eimer, sorgt dafür, dass er frei steht und nicht kippt. Hier haben Sie die Freigänger besser unter Kontrolle, und die Möbel werden geschont.

› Bergsteigen: Leitern und Strickleitern, Treppchen und Kletterseile verbinden die Etagen des Käfigs. Setzen Sie immer wieder einmal anders gebaute Modelle ein und verändern Sie die Kletterwege, zum Beispiel durch eine Umleitung, kleine Hindernisse, neue Schlupflöcher oder Aussichtspunkte.

› Hilfe für Oldies: Ältere Tiere haben zum Teil Mühe mit Strickleiter und Kletterseil. Rampen mit quer verlegten Holzleistchen bieten ihren Füßen Halt und erleichtern den Aufstieg. Oldiegerecht sind auch Äste, die mit Seilen umwickelt sind, und Kletterseile, die an mehreren Stellen Knoten tragen, wo man darüber hinaus eine Verschnaufpause einlegen kann.

› Kletterparcours: Ein guter Kletterparcours wird zum Abenteuerland für die Ratten. Alles ist möglich: über Leitern und Brücken balancieren, durch Röhren und Tunnels schlüpfen, an Seilen hangeln, Hindernisse überwinden, von Podest zu Podest hüpfen, in die Schaukel und Hängematte klettern. Vorteil

---

Das ist als **Spielzeug ungeeignet**

TIPPS VOM
RATTEN-EXPERTEN
Gerd Ludwig

LAUFRAD Beine und Schwanz können eingeklemmt werden, die ständige Benutzung kann zur Schädigung der Wirbelsäule führen. In Plastiklaufkugeln hat die Ratte keinerlei Kontrolle über ihre Bewegungen.

WEICHPLASTIK Bälle aus Weichplastik werden angeknabbert, die Splitter können zu Darmverletzungen und zum Darmverschluss führen.

HAMSTERWATTE Die Watte kann sich um Beine, Zehen und Schwanz wickeln und sie abschnüren.

SITZSTANGEN Bei manchen Sitzstangen aus Baumwolle oder Sisal dient ein innen liegender Draht als Versteifung. Wird die Sitzstange angenagt, besteht Verletzungsgefahr.

GITTERBALL Food-Balls sind Metallgitterbälle, die mit Heu oder Futterhäppchen gefüllt werden. In einem engmaschigen Gitter können sich Füße und Beine verhaken.

WURZELN UND ÄSTE In engen Astgabeln und Wurzelausläufern kann sich eine Ratte einklemmen und nicht mehr von selbst freikommen.

gegenüber dem Kletterbaum: Der Parcours lässt sich im Handumdrehen umbauen und erweitern, was bei den Ratten fast immer auf begeisterte Zustimmung stößt. Wenn die Nager auch außerhalb des Käfigs über einen Kletterparcours flitzen dürfen, ist der Spaß am Auslauf doppelt so groß. Ganz besonders, wenn Sie mit von der Partie sind und als lebender Kletterbaum fungieren – mit der schönen Nebenwirkung, dass die gemeinsame Spielstunde das Vertrauen der Tiere zum Menschen stärkt.

› Keine großen Sprünge: Ratten sehen unscharf, und da ihr räumliches Sehvermögen begrenzt ist, können sie Entfernungen nur schlecht einschätzen. Der Parcours sollte daher so gestaltet sein, dass sie nicht zu Weitsprüngen animiert werden.

› Sicherheit geht vor: Bei Hängebrücken, Rampen und Treppen in großer Höhe schützen seitlich angebrachte Leisten vor Abstürzen; unter der Schaukel dient eine Hängematte als Auffangnetz.

Höhlenparadies: Ruhe- und Versteckplätze kann es für Ratten gar nicht genug geben. Besonders toll, wenn sie auf verschiedenen Etagen liegen.

Orientierungsspiele

Ratten sind Weltmeister, wenn es darum geht, den richtigen Weg durch einen Irrgarten zu finden. Aus Umzugskartons lässt sich ein einfaches Labyrinth basteln: Seitenwände auf ca. 12–15 cm kürzen, Ein- und Ausgänge ausschneiden und Kartonbögen oder Wellpappe so einkleben, dass eine verwinkelte Laufstrecke entsteht. Wer seine Ratten fordern will, konstruiert ein Labyrinth aus Holz mit versetzbaren Wänden, in dem er seine Truppe auf immer neue Strecken schickt. Brücken, Hürden, Treppen und Röhren steigern den Schwierigkeitsgrad. Als Anreiz deponiert man im Zentrum eine kleine Belohnung.

› Selbst basteln: Verwenden Sie nur Klebstoff, der keine Lösungsmittel enthält.

Such- und Versteckspiele

Das Näschen aus dem Versteck herausstrecken und beobachten, was sich tut, ist Rattenart. Genau wie die Vorliebe für Höhlen und Spalten. Mit Ton- und Pappröhren, Rohren aus Keramik und Hartplastik (z. B. gewinkelten Abflussrohren) oder dem ausgehöhlten Baumstamm machen Sie Ratten glücklich. Längere Rohre mit mehreren Ausstiegslöchern versehen. Untauglich: Plastikröhrenlabyrinthe, wie sie für Hamster angeboten werden. An den glatten Innenwänden rutschen die Tiere ab, die Belüftung ist schlecht und Säubern kaum möglich.

Buddeln und Graben

Ratten sind geborene Wühlmäuse: Füllen Sie ein Kistchen mit Zeitungs- oder Toilettenpapierfetzen, Laub, Heu oder Sand (z. B. Sand für Sandkästen aus dem Baumarkt) und lassen Sie die Nager nach versteckten Leckerbissen buddeln. Umgebung abdecken: Bei den wilden Erdarbeiten landet sonst ein Teil davon außerhalb der Buddelkiste.

Eigenheim mit Gartengrundstück und Fitness-Parcours: Nach dem Nickerchen im Schlafhäuschen kann man sich auf der Schaukel in Schwung bringen, am Kletterseil seine Fitness verbessern oder einen geheimnisvollen Tunnel erkunden – Rattenherz, was willst du mehr?

Badespaß

Viele Ratten nehmen gerne ein Vollbad.

› Die Badewanne (Schüssel, Plastikschale) gehört nicht ständig in den Käfig.

› Grundsätzlich nur unter Aufsicht baden lassen.

› Dazu Wanne wenige Zentimeter hoch mit lauwarmem Wasser füllen.

› Nach jedem Bad die Tiere abtrocknen. Ratten mit nassen Fell dürfen auf keinen Fall im Luftzug sitzen (Erkältungsgefahr).

Spielzeiten und Spielregeln

Beste Spielzeit: morgens und am Abend. Drängen Sie keine Ratte zum Spielen, die frisst, sich putzt oder schlafen will. Streit um ein Spielzeug vermeidet man, wenn es das Objekt der Begierde zweimal gibt. Reservieren Sie einige Spielsachen nur für den Auslauf, dann ist der Reiz besonders groß.

Das Spielparadies für Ratten

Klettertau

FITNESSTRAINING
Der direkte Weg nach oben geht für die meisten Ratten übers Klettertau. Am besten mehrere an verschiedenen Stellen im Käfig anbringen. Knoten im Seil erleichtern den Aufstieg und sind ideal als Aussichtspunkt.

Versteck

VERSTECK UND AUSGUCK
Ein Schlafhäuschen ist nicht nur zum Schlafen da. Hier kann man wunderbar kuscheln, zwischen wilden Spielen Luft schnappen oder durchs Bullauge nach der übrigen Rasselbande Ausschau halten. Und bei Verfolgungsspielen ist das Häuschen der richtige Zufluchtsort, um seinen Häschern zu entkommen.

Laufröhre

FÜR DUNKELMÄNNER UND ENTDECKER An schwarzen Löchern und dunklen Höhlen kommt keine Ratte vorbei, jeder Winkel einer Röhre wird inspiziert. Willkommen sind alle möglichen Formen und Materialien, von Ton, Pappe und Keramik bis zu Holz. Längere Röhren müssen Öffnungen für Ausstieg und Ausguck haben.

Wippe

MIT FEINGEFÜHL
Die Ratten haben den Bogen schnell raus, und die Wippe sorgt für Langzeitspaß im Käfig. Die Dickerchen sind im Vorteil, wenn die Wippe gleichzeitig auf beiden Seiten heruntergedrückt wird.

Schaukel

FÜR AKROBATEN
Die frei schwingende Schaukel verlangt Körperbeherrschung und Mut. Manchen Ratten ersetzt sie sogar das Schlafhäuschen. Mit einer zweiten Schaukel beugt man Zoff vor, wenn mehrere Käfigbewohner gleichzeitig Ansprüche anmelden.

Buddelkiste

WÜHLMÄUSE AUS LEIDENSCHAFT
Eine Ladung Papierfetzen (nichtparfümierte Papiertaschentücher, Zeitungs- oder Toilettenpapier) in ein Kistchen füllen – und schon macht man seine Ratten glücklich. Noch aufregender wird die Buddelaktion, wenn es unter dem Papier ein paar leckere Häppchen zu entdecken gibt.

ERDARBEITER Ratten machen sich gerne die Pfoten schmutzig: Im Sand zu graben lieben alle. Allzu sauber sieht es danach um die Wühlkiste nicht mehr aus.

Balancierseil

VARIETÉREIF Beim Balancieren zeigen Ratten ein unglaubliches Gleichgewichtsgefühl – zur Not hilft der Schwanz beim Festhalten. Für den Fall der Fälle sollte das Seil trotzdem nicht allzu hoch über dem Boden gespannt oder durch ein Netz gesichert sein.

PFLEGE UND GESUNDHEIT

Ratten investieren viel Zeit in eine penible Körperpflege. Für die Frische des Futters und das Sauberhalten des Käfigs ist der Halter verantwortlich und beugt damit Krankheiten seiner Tiere vor.

Die Basics der Rattenpflege

Zu den regelmäßigen Pflegemaßnahmen für die Ratten gehören neben täglichen und in der Regel kleineren Handgriffen wie Füttern, Entfernen der Nahrungsreste, Trinkwasserwechsel und Säubern der Toilette auch die Grundreinigung des Käfigs samt Inventar und der Austausch verschmutzter Einstreu – je nach Zahl der Bewohner ca. einmal wöchentlich oder in 14-tägigen Intervallen.

Zwei-Minuten-Gesundheitscheck

Der prüfende Blick auf die Gesundheit seiner Tiere ist für den Besitzer selbstverständlich und lässt sich ohne Aufwand mit der täglichen Pflege verbinden. Meist reicht der Augenschein, nur im Zweifelsfall muss man eine Ratte aus dem Käfig nehmen. Bei handzahmen Tieren läuft das problemlos; scheue Ratten, die sich nur ungern anfassen lassen, versucht man in eine Röhre zu bugsieren.

› Fell: glatt, glänzend, ohne Kahlstellen und Krusten
› Augen und Nase: klare Augen, Nase ohne Ausfluss
› After: nicht verschmutzt oder verklebt
› Verhalten: aufgeweckt und neugierig. Kranke Tiere wirken meist apathisch und sondern sich ab.

Handzahm machen Speziell für die regelmäßige Gesundheitskontrolle hat die Gewöhnung an den Menschen (→ Seite 24) große Bedeutung.

Artgemäße Haltung ist das A und O

Die richtige Haltung und Unterbringung der Nager ist Voraussetzung für eine erfolgreiche Pflege.
› Wohndichte: Die Käfiggröße muss der Größe der Gruppe angepasst sein (Bewegungsraum).
› Standort: zuverlässiger Schutz vor Temperaturschwankungen, Zugluft und Feuchtigkeit
› Streu: trocken und ohne toxische Rückstände
› Futter: kühl, trocken, nicht verschmutzt

Pflege- und Reinigungskalender

Große Käfigtüren und glatte, Wasser abweisende Materialien, zum Beispiel Schlafhäuschen aus Kunststoff und beschichtete oder lackierte Sitzbretter, erleichtern die Reinigung des Rattenwohnheims.

Täglicher Pflegedienst

Achten Sie beim Einrichten des Käfigs (→ Seite 22) darauf, dass Futterplätze und Toilettenecke leicht erreichbar sind. Im gut zugänglichen Käfig dauern die Routinearbeiten kaum länger als 20 Minuten.

› Gesundheitsinspektion: Der prüfende Blick auf körperliche Verfassung, Bewegungsweise und Verhalten seiner Tiere sollte jedem Halter in Fleisch und Blut übergehen (→ Seite 18 und 49).

› Essensreste entfernen: Übrig gebliebenes Saftfutter nach spätestens 24 Stunden entfernen, damit es nicht schimmelt oder verunreinigt wird. Da Ratten ihr Futter mit Harntröpfchen markieren (→ Markieren, Seite 51), müssen auch durchfeuchtete Körnerreste entsorgt werden.

› Vorräte kontrollieren: Nager betreiben Vorratshaltung und verstecken und verbuddeln Futter an allen möglichen und unmöglichen Stellen. Leeren oder verkleinern Sie die Lagerstätten (→ Futtermenge anpassen, Seite 51).

› Fressnäpfe reinigen: Futterschüsseln und Trinkflaschen täglich mit heißem Wasser ausspülen.

Große Wäsche: Ratten sind außerordentlich reinliche Tiere, die sich mehrmals am Tag ausgiebig putzen.

Fußpflege: Auch die Zehen und Krallen werden mit Hingabe beknabbert und gesäubert.

› Toilettenbereich säubern: Fürs Geschäft wählen die Käfigbewohner meist bestimmte Ecken. Feuchte Streu möglichst täglich austauschen.

› Streu auffrischen: Verschmutzte und durch Futterreste verunreinigte Streu entfernen und ersetzen.

› Füttern: Für Körner- und Saftfutter gibt es eigene Näpfe. Bei großen Gruppen je zwei Schüsseln.

› Trinkwasser wechseln: Nippeltränke leeren und mit frischem Wasser füllen. Bei stark chlorhaltigem Leitungswasser stilles Mineralwasser anbieten.

› Futtermenge anpassen: Verkleinern Sie die Tagesration, wenn viel Futter im Napf zurückbleibt oder die Tiere große Vorratslager anlegen.

› Saubere Toilette: Eine Kleintier-Toilettenschale in der »Geschäftsecke« erleichtert das Sauberhalten.

› Markieren: Das Absetzen von Harnmarken gehört zum festen Verhaltensinventar der Ratten und kann nicht verändert werden.

Schönheitsbad: Die Ganzkörperwäsche in der Sandschale (Vogelsand) steigert das Wohlgefühl und sorgt für ein rundum sauberes Fell.

Großer Hausputz

Je nach Rudelstärke Käfig wöchentlich oder alle 14 Tage reinigen. Sehr schmutzempfindliches Inventar sollte sich zum Säubern herausnehmen lassen.

› Streu wechseln: Spätestens nach 14 Tagen ist der Austausch der gesamten Käfigeinstreu nötig.

› Bodenwanne reinigen: Vor dem Einfüllen neuer Einstreu sollte jedes Mal auch die Bodenwanne heiß ausgewaschen werden.

› Einrichtung reinigen: Vor allem Gegenstände aus unbehandeltem Holz saugen sich schnell mit Harn voll und müssen gründlich mit Bürste und heißem Wasser behandelt werden.

› Textilien waschen: Leinen- und Baumwolltücher (zum Beispiel die Einlagen von Hängematten und Schaukel) waschen oder austauschen.

› Verbrauchsmaterial wechseln: neues Papier für die Buddelkiste, frisches Heu für die Häuschen.

› Sanft säubern: Mit viel heißem Wasser und entsprechend verdünntem Essigreiniger lassen sich Käfig und Einrichtung gut reinigen; verwenden Sie bitte keine chemischen Reinigungsmittel.

› Putztermin: Für die Zeit des Großreinemachens muss die ganze Truppe ausziehen. Entweder übersiedelt sie in einen Zweitkäfig, oder die Reinigungsaktion findet während ihrer Auslaufstunden statt.

Ein bisschen Stallgeruch

Nach dem Hausputz kommen die Tiere in eine Welt zurück, in der sie sich erst wieder zurechtfinden müssen. Überall riecht es fremd und anders. Das animiert die Bewohner dazu, ihren Besitz umgehend mit Harn zu markieren. Wer beim Reinigen übergründlich zu Werke geht, erzielt also eher den gegenteiligen Effekt. Ein paar Ecken, die Eigenduft verströmen, sollten Sie Ihren Ratten daher lassen.

So schützen Sie die Gesundheit Ihrer Ratten

Als Heimtiere gehaltene Ratten haben mit zwei bis maximal drei Jahren keine hohe Lebenserwartung, was aber auch für die Mehrzahl ihrer wild lebenden Verwandten zutreffen dürfte. Als Abkömmlinge von Laborratten gelten die zahmen Käfigbewohner als besonders krankheitsanfällig. Sie sind es nicht mehr als andere kleine Heimtiere, verlangen aber wie diese speziell im Alter relativ viel Aufmerksamkeit und Fürsorge. Wegen der hohen Stoffwechselrate schreiten Erkrankungen bei Ratten sehr schnell fort, die Früherkennung von Krankheitssymptomen ist daher besonders wichtig.

Vorbeugen und gesund erhalten

Wenn Ihre Ratten in einer intakten Gruppe leben, sich viel bewegen und beschäftigen können, richtig ernährt werden und Ihnen Vertrauen entgegen bringen, sind sie bestens vor Krankheiten geschützt.

> Soziale Bande: Ratten brauchen die Nähe ihrer Artgenossen. Kleine Rangeleien sind normal, bei häufigem Streit Rudelzusammensetzung ändern.
> Sauberer Käfig: Regelmäßige Reinigung von Käfig und Einrichtung schützt vor Krankheitskeimen und Parasiten. Vor allem Toilettenecke täglich säubern.
> Gesundes Klima: Wohlfühltemperatur für Ratten: 20–24 °C bei 50–60 % Luftfeuchtigkeit. Der Käfig muss gut durchlüftet sein (Zugluft vermeiden).
> Artgerechtes Futter: Körnermischfutter ist die Hauptnahrung der Ratte. Saftfutter gibt es täglich, tierische Kost höchstens alle 2–3 Tage.
> Frisches Futter: Saftfutterreste und verschmutztes Körnerfutter täglich entfernen; Nippeltränke täglich reinigen und mit frischem Wasser füllen.
> Futtermenge: Tagesration verkleinern, wenn regelmäßig Futter im Napf zurückbleibt.
> Hartes Brot: Knabbern an Ästen, Holzstücken und harter Nahrung hält die Nagezähne kurz.
> Sport und Spiele: Ratten brauchen viel Bewegung und Beschäftigung, im Käfig und beim Auslauf.
> Zuwendung: Der vertraute Mensch wird von den Ratten als Rudelmitglied akzeptiert. In seiner Nähe fühlen sie sich wohl und geborgen.

Sauber und fit: Eine gesunde Ratte reinigt und pflegt sich regelmäßig – zum Beispiel nach jeder Nahrungsaufnahme.

Gewichtskontrolle bei allgemeinen Krankheitsanzeichen, Haarausfall, struppigem Fell, Verdacht auf Abmagerung, aber auch bei übergewichtigen Tieren (normal: 140–450 g). Deutliche Gewichtsveränderung innerhalb kurzer Zeit ist ein Alarmsignal.

Typische Krankheitssymptome

› Abmagerung: unspezifisches Symptom, u. a. für Wurmbefall, Läuse, Haarballen im Magen, nicht selten auch Anzeichen für innere Erkrankungen.

› Atemgeräusche: Schweres Atmen ist ein typisches Symptom bei Atemwegsentzündungen, für die Ratten sehr anfällig sind. Meist niesen die Tiere auch.

› Augenausfluss: Pflegt sich die Ratte nicht mehr sorgfältig, wozu auch das Säubern der Augenwinkel von dem dort austretenden rötlichen Sekret gehört, ist das häufig ein Krankheitsanzeichen.

› Durchfall: Wurmbefall, Infektionen, verschmutztes oder verschimmeltes Futter, falsche Ernährung, unsauberes Trinkwasser, feuchte Einstreu.

› Fellprobleme: Haarausfall, stumpfes Fell, Ekzeme und Krustenbildung werden häufig von Milben oder Läusen (seltener von Flöhen) verursacht. Befallene Tiere kratzen und lecken sich ständig.

› Futterverweigerung: u. a. Bezoare (Haarballen im Magen), Verstopfung, Fehlstellungen der Zähne. Bei Zahnproblemen tritt oft starker Speichelfluss auf.

› Schiefe Kopfhaltung: Der »Schiefkopf« weist auf eine Innen- oder Mittelohrentzündung hin. Meist kommt es in der Folge zu Gleichgewichtsstörungen.

› Tumoren: speziell bei älteren Ratten nicht selten; meist am Bauch oder Gesäuge.

Verhaltensänderungen Kranke Ratten wirken oft lethargisch und sitzen in stark gekrümmter Haltung in einer Käfigecke oder reagieren auf Berührungen mit Schmerzlauten (z. T. auch Abwehrbeißen). Vermehrte Unruhe ist typisch bei Hautparasiten.

Was Ratten **krank macht**

AUSLÖSER	SYMPTOME
HALTUNG	Eine einzeln lebende Ratte verkümmert, besonders Jungtiere geraten in »Isolationsstress«.
DOMINANZ	Der Käfig bietet unterlegenen Tieren keine Möglichkeit, sich zurückzuziehen und zu verstecken.
KÄFIG	Bauart: zu klein oder zu niedrig. Unzureichende Belüftung: Das vom Harn gebildete Ammoniak kann nicht abziehen. Standort: nicht erhöht, direkte Sonneneinstrahlung, zu nahe an Heizung oder Lautsprechern. Mangelhafte Käfigreinigung: Nährboden für Krankheitskeime und Parasiten.
FUTTER	Altes Futter: Schimmelbildung. Fehlernährung: zu viel tierisches Eiweiß, keine Knabberkost für die Nagezähne, Überfütterung.
LANGEWEILE	Fehlende Beschäftigungs- und Spielmöglichkeiten, zu wenig oder kein Auslauf.

Die häufigsten Krankheiten der Ratte

Diagnose und Behandlung von Krankheiten Ihrer Ratten ist Sache des Tierarztes. Beim Verdacht auf eine Erkrankung sollten Sie den Besuch nicht hinauszögern, da viele Krankheiten im Anfangsstadium gut und Erfolg versprechend therapiert werden können, Risiken und Behandlungsaufwand sich später aber überproportional erhöhen. Darüber hinaus ist speziell bei Infektionen die Gefahr groß, dass auch die anderen Käfigbewohner erkranken.

Atemwegsinfektionen

Ursache Auf Zugluft, trockene oder zu feuchte Luft reagieren Ratten empfindlich und erkälten sich sehr schnell. Ursache von Atemwegsinfektionen können aber auch Bakterien wie Mykoplasmen und Streptokokken und ähnliche Erreger sein.

Symptome Typisch sind die erschwerte, röchelnde Atmung und ständiges Niesen. In der Folge kommt es zu Fressunlust und Abmagerung, meist auch zu Haarausfall. Für ältere Ratten und Tiere mit einem geschwächten Immunsystem stellen bakterielle Atemwegsinfektionen (besonders Mykoplasmose) eine große Gefahr dar, nicht zuletzt, weil im Krankheitsverlauf oft sekundäre Erkrankungen auftreten.

Therapie Zur Stärkung der Immunabwehr verordnet der Tierarzt Vitamine und Mineralstoffe, bei schwerem Krankheitsverlauf auch Antibiotika.

Krankenpflege: Kranke Ratten müssen mit Medizin, oft aber auch mit spezieller Nahrung versorgt werden.

Quarantäne: Bei Verdacht auf eine ansteckende Krankheit wird das erkrankte Tier von der Gruppe getrennt.

Parasiten

Ursache Parasitenbefall ist oft ein Indiz dafür, dass Haltungsbedingungen oder Rudelstruktur nicht in Ordnung sind. Mögliche Auslöser: mangelhafte Sauberkeit von Käfig und Einrichtung, unzureichende Belüftung (speziell in Plastikhäuschen), feuchte Einstreu, falsche Ernährung, aber auch Stress durch häufige Störungen während der Ruhezeiten oder ständige Unterdrückung einzelner Rudelmitglieder durch dominante Artgenossen.

Symptome Es sind bei Ratten meist Räudemilben, die Rücken, Flanken und Gesicht besiedeln. An den befallenen Stellen ist das Fell struppig und schütter, es kommt zur Schuppen- und Schorfbildung, oft auch an den Ohren. Der Juckreiz führt dazu, dass sich die Ratten dauernd kratzen und zunehmend unruhiger werden. Ähnliche Symptome rufen Haarlinge hervor, im Gegensatz zu den Milben kann man sie mit bloßem Auge erkennen. Unter Flöhen leiden die Nager hingegen eher selten. Von den innen lebenden Schmarotzern (Endoparasiten) kommen bei Ratten neben einzelligen Organismen vor allem Rund- und Bandwürmer vor. Besonders die Rundwürmer beeinträchtigen bei starkem Befall die Gesundheit, ein durch die Parasiten hervorgerufener Darmverschluss ist lebensbedrohlich.

Therapie Schon beim ersten Verdacht auf Parasiten sollte der Tierarzt konsultiert werden. Erst eine sichere Diagnose erlaubt die gezielte Behandlung. Schnelles Handeln schützt auch davor, dass andere Käfigbewohner befallen werden.

Tumoren

Ursache Zur Bildung von Tumoren kommt es bei Ratten relativ häufig. Obwohl überwiegend ältere Tiere betroffen sind, stellen Tumoren keine typische Alterserscheinung dar.

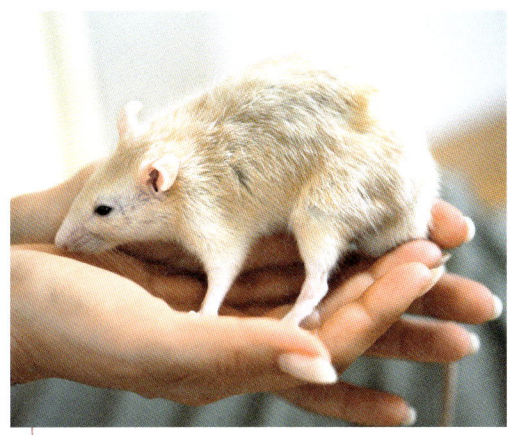

Haarprobleme: Ein struppiges und schütteres Fell kann auf den Befall durch Parasiten, aber auch auf Stress oder falsche Ernährung hinweisen.

Symptome Im Anfangsstadium ist ein Tumor kaum sichtbar und lässt sich nur ertasten, er kann unbehandelt jedoch zu einer Geschwulst mit mehreren Zentimetern Durchmesser heranwachsen. Tumoren treten vor allem im Bauchbereich und am Gesäuge auf. Tumoren der inneren Organe bleiben fast immer so lange unentdeckt, bis sich die Krankheit durch körperliche Beschwerden, zum Beispiel durch röchelndes Atmen bei einem Lungentumor, oder Verhaltensauffälligkeiten bemerkbar macht. Ob es sich um eine gutartige Geschwulst oder um Krebs handelt, kann nur durch die Untersuchung des Tierarztes festgestellt werden.

Therapie Ein Tumor, der frühzeitig erkannt wird, ist meist klein und hat in der Regel noch keine Metastasen gebildet. In solchen Fällen bestehen bei einer chirurgischen Entfernung gute Heilungschancen für die erkrankte Ratte.

Magen-Darm-Erkrankungen

Ursache Fütterungsfehler, Wurmbefall, Haarballen, Fressen von Fremdkörpern.

Symptome Gewichtsverlust, Verstopfung oder Durchfall können die Folgen nicht artgerechter Ernährung sein, aber auch auf Würmer hinweisen. Haarballen (Bezoare) entstehen, wenn sich Ratten zwanghaft häufig das Fell putzen und dabei sehr viele Haare aufnehmen, die im Magen verklumpen. Verstopfung und Futterverweigerung sind typische Symptome bei größeren Haarballen wie auch bei verschluckten Fremdkörpern.

Therapie Bezoare, die nicht auf normalem Weg abgehen, müssen operativ entfernt werden. Achten Sie darauf, dass Ihre Ratten im Käfig und beim Aus-lauf nicht mit Objekten aus Weichplastik und ähnlichen Materialien in Kontakt kommen, die sie anknabbern und verschlucken können. Verletzungen der Magen- und Darmwände durch Plastiksplitter sind nicht selten.

Hautkrankheiten

Ursache Außer durch Parasiten (→ Seite 55) können Fellschäden und Erkrankungen der Haut auch durch Allergien und Pilze verursacht werden. Vor allem übergewichtige Männchen sind anfällig für Abszesse an den Ballen der Hinterbeine.

Symptome Ähnlich wie beim Parasitenbefall kommt es meist zum Haarausfall, nicht selten in Form lokal begrenzter Kahlstellen, zur Entzündung und zur Krustenbildung der Haut. Wegen des heftigen Juckreizes kratzen sich die Tiere ständig oder lecken sich wund. Ein Ballenabszess (»Bumblefoot«) ist sehr schmerzhaft, das erkrankte Tier kann den entzündeten Fuß kaum mehr aufsetzen.

Therapie Die Diagnose von Allergien (dazu zählen auch Futtermittelallergien) und Pilzerkrankungen ist schwierig, die Behandlung meist langwierig und nicht immer erfolgreich. Beim Ballenabszess ist schnelle tierärztliche Hilfe unerlässlich. Trockene und weiche Einstreu erspart dem Tier Schmerzen.

Zahnprobleme

Ursache Schief wachsende oder übermäßig lange, nicht genügend abgenutzte Nagezähne erschweren vor allem älteren Tieren das Leben. Probleme mit den Backenzähnen gibt es seltener.

Früherkennung: Kranke Ratten verhalten sich häufig lethargisch oder geben Schmerzlaute von sich, wenn sie angefasst werden.

Symptome Schmerzen beim Fressen und Trinken, starkes Speicheln. Vielfach können die zahnkranken Tiere überhaupt keine Nahrung mehr aufnehmen und magern schnell ab.

Therapie Überlange Nagezähne müssen immer wieder gekürzt werden. Der Tierarzt behandelt die Entzündungen in Maul und Rachen, die bei kranken Backenzähnen besonders bedrohlich sein können. Geben Sie den Ratten hartes Brot und ähnliche Knabberkost, um die Zähne kurz zu halten, und prüfen Sie regelmäßig den Zustand des Gebisses.

Augen und Ohren

Ursache Stress, allgemeines Unwohlsein und erste Krankheitssymptome, Befall durch Bakterien und Parasiten, Ohrentzündungen.

Symptome Verklebte Augen (Augenausfluss, → Seite 53) können ein Krankheitssignal sein, der schief gehaltene Kopf weist auf eine Mittel- oder Innenohrentzündung hin, ein verkrusteter Ohrrand auf Räudemilben.

Therapie In allen Fällen sollte die Ratte möglichst schnell dem Tierarzt vorgestellt werden.

Wunden und Verletzungen

Ursache Stürze, Bisse, Schwanzverletzungen.

Symptome Fehlstellung oder Bruch eines Beines, Quetschungen und Abschürfungen sind häufige Folgen eines Sturzes; zu Bisswunden kommt es bei Kämpfen mit Artgenossen; ein eingeklemmter Schwanz kann brechen oder abgequetscht werden.

Therapie Auch scheinbar glimpfliche Stürze haben oft innere Verletzungen zur Folge: im Zweifelsfall zum Tierarzt! Das gilt auch bei Bisswunden, die sich leicht infizieren können (Abszessbildung). Selbst kleinere Schwanzverletzungen sind für Ratten sehr schmerzhaft und müssen immer behandelt werden.

Erhöhter Flüssigkeitsbedarf: Bei geschwächten und kranken Tieren muss auf ausreichende Versorgung mit Trinkwasser besonders geachtet werden.

Anatomische **Besonderheiten**

WINZIGER MAGEN Der Magen der Ratte hat ein sehr geringes Fassungsvermögen. Zur medizinischen Versorgung oder bei einer Zwangsernährung darf man ihr nur kleinste Mengen eingeben.

KEIN ERBRECHEN Die Ratte kann nicht erbrechen, weil ihr Magen durch eine Falte unterteilt ist und ihm die nötige Muskulatur fehlt.

ROTE AUGEN Albinos sehen weiß aus, weil ihnen die Pigmente in Haut und Fell fehlen. Ihre ebenfalls pigmentlosen Augen sind rot und besonders lichtempfindlich. Rotäugige Ratten sehen schlechter und pendeln häufig mit dem Kopf, um die Sehschwäche auszugleichen. Ihre Augen müssen vor direktem Sonnenlicht geschützt werden.

Nachwuchs und Zucht

Viele Rattenkinder haben keine Zukunft, auch Ratten aus dem Tierheim werden nur selten vermittelt. Nachwuchs sollten Sie Ihren Tieren daher nur dann zugestehen, wenn sich schon vorher Rattenfreunde als Abnehmer gefunden haben oder Sie selbst den Jungen ein artgerechtes Zuhause bieten können.

Frühreif und fruchtbar

Ratten werden mit 5–6 Wochen geschlechtsreif und fortpflanzungsfähig, frühreife Tiere zum Teil schon nach vier Wochen. Rattenweibchen können innerhalb eines Jahres bis zu siebenmal Kinder zur Welt bringen. Bei sechs bis zwölf, im Durchschnitt acht Jungen ergibt das – zumindest theoretisch – 800 Kinder und Kindeskinder pro Jahr, die alle von einem einzigen Pärchen abstammen.

Hilflose Neugeborene: Rattenkinder kommen blind und taub zur Welt und sind völlig auf die Fürsorge ihrer Mutter angewiesen.

Zu jung für Nachwuchs Mit Erreichen der Geschlechtsreife ist die Ratte noch lange nicht ausgewachsen. Weibchen, die schon früh trächtig werden, sind von Mutterschaft und Aufzucht der Jungen oft überfordert. In der Zucht einsetzen sollte man sie erst mit etwa einem halben Jahr.

Paarung und Trächtigkeit

Ratten sind alle 4–5 Tage fortpflanzungsfähig. Beim Paarungsvorspiel läuft das Weibchen immer wieder vor dem Männchen weg, bis es dem Verfolger endlich nachgibt und ihm mit durchgedrücktem Rücken sein Hinterteil präsentiert. Die Begattung dauert nur wenige Sekunden, wiederholt sich in den nächsten Stunden aber mehrfach. Ratten tragen 20–22 Tage. Typische Symptome: angeschwollene Zitzen, rundlicher Bauch und ein ausgeprägter Nestbautrieb. Trotzdem registriert der Halter die Trächtigkeit manchmal erst in der letzten Woche. Einige Weibchen reagieren jetzt selbst auf vertraute Menschen abwehrend und bissig. Trächtige Rattenweibchen sollten im Käfig und in ihrer gewohnten Gruppe bleiben, der Umzug in eine eigene Wochenstube bedeutet Stress und verunsichert sie. Die befreundeten Weibchen des Rudels beteiligen sich häufig an der Aufzucht der Jungen.

Geburt und Jungenaufzucht

Eine Rattengeburt erfolgt meist am frühen Morgen und dauert ca. 20 Minuten. Sind nach einer Stunde noch nicht alle Jungen zur Welt gekommen, sollte der Tierarzt verständigt werden. Die Neugeborenen sind blind und taub und völlig von der Mutter abhängig. Ohren und Augen öffnen sich nach 12–14 Tagen.

Anstrengende Zeiten: Rattenmütter sind gute Mütter, sie kümmern sich hingebungsvoll um ihren Nachwuchs und versorgen und beschützen ihn rund um die Uhr. Bei häufigen Störungen am Wurflager nimmt die Mutter ihre Kinder zwischen die Zähne und trägt sie an einen ruhigeren Platz.

Jetzt werden die Jungen zunehmend aktiver und beginnen ihre Umgebung zu erkunden. Ab der 4.–5. Woche nehmen sie dann feste Nahrung zu sich und können von der Mutter getrennt werden. **Bitte nicht stören** Anfassen und aus dem Nest nehmen sollte man die Jungen in der ersten Woche nicht. Die Mutter reagiert sensibel auf jede Störung. **Ausbruchssicher** Rattenkinder zwängen sich durch das engste Käfiggitter. Bei Jungen bis zum 3. Monat darf der Gitterabstand höchstens 1,5 cm betragen.

Geburten**stopp**

Die Haltung gleichgeschlechtlicher Gruppen ist der sicherste Weg, um Nachwuchs zu vermeiden. Am besten klappt es mit einem Weibchenrudel. Die Kastration eines Bockes (frühestens ab 3. Monat) birgt immer auch ein Risiko. Nach dem Eingriff ist das Männchen noch eine Zeit lang zeugungsfähig.

Halbfett gesetzte Seitenzahlen
verweisen auf Abbildungen.
U = Umschlag, UK = Umschlagklappen.

A

Abgabealter 17
After 18
Agouti 13, **13**
Albino 13, **13**
Allergien 11
Allogrooming 9, **UK vorn**
Alter 5
Anatomische Besonderheiten 57
Aneinander gewöhnen 28, **29**, 33
Anpassungsfähigkeit 5, 8
Artgenossen **U1**, 11, 33, **UK hinten**
Atemwegsinfektionen 54
Aufwecken 37
Augen 14, **14**, 18, 57
Ausstattung 19 ff, **19**
Auswahl 11

B

Baden 37, 45
Bareback 13, **13**
Beißen 27, **UK hinten**
Berkshire 12, **12**
Beschäftigung **U4**, 22, **26**, 35, 42,
   42, **44**, **45**
Beschnüffeln 8, **9**
Bewegung 26, 33, 38, 39
Blickfeld 14
Blinddarmkot 30, 33
Bodenwanne 20
Buddeln 44

C

Cinnamon 12, **12**

D

Dämmerungsaktiv 8
Demutshaltung 37
Dominanz 36

Drohen 37
Duftmarken 8
Duftstoffe 36

E

Einfangen 40
Eingewöhnung 24, **25**
Einstreu 22
Entwicklung der Jungen 58, **58**, **59**
Erkältung 20
Erkundungsverhalten 36
Ernährung 7, 30

F

Farbensehen 14
Fauchen 37
Fell 7, 14, **14**, 18, **55**
   -farbe 7, 14
   -pflege, gegenseitige 9, **UK vorn**
   -struktur 14
   -zeichnung 14
Fiepen 37
Fortpflanzung 7
Freilauf in der Wohnung 26, 33,
   38, 39
Füße 15, **15**
Futter 7, 30, **UK vorn**
   –, Eiweiß- 30
   –, Fertig- 30
   –, Grün- 31, 32
   -kontrolle 32
   -menge 32
   -näpfe 22
   –, Pellets als 30
   –, Saft- 31, 32
   –, schädliches 31
   -überversorgung 30
Fütterungstipps 32

G

Gebiss 14
Geburt 58
Geburtenstopp 59
Gefahren beim Freilauf 39

Gemüse 31, 32
Geschlechtsbestimmung 17
Geschlechtsreife 9, 17, 58
Gesundheitscheck 18, 49
Gesundheitsvorsorge 49, 52
Gleichgewichtsorgan 15
Graben 44
Grünfutter 31
Gruppenduft 28, 36
Gruppenhaltung 8, **UK hinten**

H

Haftung 23
Haltung in der Wohnung 23
Haltungsansprüche 10
Haltungsprobleme 27
Handzahm 24, **UK hinten**
Hausratten 5, 6
Hautkrankheiten 56
Heimtiere, andere 11, 39
Hochheben 27, 33, **56**
Hören 15, 22
Hooded 13, **13**
Husky 13, **13**

I

Imponieren 37

J

Jacobsonsches Organ 15
Jungenaufzucht 58

K

Käfig 11, 19, 20, **21**, 33
   -eigenbau 20
   -einrichtung 21, 22
   –, Etagen- 19
   -gitter 20
   -größe 19
   -reinigung 23
   -standort 22, 37
   -türen 20
Kastration 37, 58
Kauf 10, 11, 17, 23

Kinder und Ratten 38, **38**
Kletterbaum 22
Klettermöglichkeiten 22
Klettern 9
Kletterspiele **2**, **3**, 43
Knabberkost 31, **31**
Komfortverhalten 37
Körnerfutter 30
Körperhaltung 18
Körperkontakt 9, **UK vorn**
Körperpflege 9
Körpersprache **36**, 37
Kotfressen 30
Krankheiten 54, **UK hinten**
  –, von Ratten übertragene 7
Krankheitsanzeichen 53

L

Laborratten 8
Laufrad 43
Lautsprache 37
Lebenserwartung 52
Lebensweise 7
Leckerbissen 31, 32, **32**, **41**
Leithaare 14

M

Magen 57
Magen-Darm-Erkrankungen 56
Männchen 11
  –, Dominante 36
Markieren 36
Mineralstoffe 32

N

Nachtaktiv 8
Nachwuchs 33, 58
Nagen 9
Nagezähne 9, 14, **14**
Nahrung 7, 30
Nase 15, **15**, 18
Neugierde 8, 36
Nippeltränke **21**, 22, 31

O

Obst 31, 32
Ohren 15, **15**, 18, 57
Orientierungsspiele 44

P

Paarung 58
Paarungsverhalten 37
Parasiten 55
Pflege 48, 50, 51
Pfoten 18

R

Rangordnungskämpfe 28,
UK hinten
Rassen 12, **12**, 13, **13**
Ratte, ängstliche 27
Ratten in der Kultur 7
Rattus norvegicus 6
Rattus rattus 6
Rechtsfragen 23
Revier 8
Revierverhalten 36
Riechen 15, 37
Rivalenkämpfe 11
Rudel 5, 8, 36

S

Saftfutter 31, 32
Schlafen 8
Schlafhäuschen **21**, 22
Schmusen **10**, 38
Schnauben 37
Schnuppern 24, **UK hinten**
Schwanz 15, **15**
Sehen 14
Self 12, **12**
Sichern **2**, **3**, 37
Sinne 14, **14**
Sitzbretter 23
Spiele 42 ff, 46, 47
Spielregeln 45
Spielzeug 42
  –, ungeeignetes 43

Streicheln 25
Suchspiele 44

T

Tabakqualm 20
Tasthaare 14, **14**
Tierisches Eiweiß 30
Toilette 22
Trächtigkeit 58
Tragen 27
Transport 17
Trinkwasser 31
Tumoren 55

U

Übersprungverhalten 37
Urlaubsbetreuung 11

V

Verbreitung 5
Verhalten **UK vorn**, 18, 36
Verhaltensänderungen 53
Verletzungen 57
Verstecksspiele 44
Vibrissen 14
Vitamine 32
Vorratslager kontrollieren 32

W

Wanderratten 5, 6, 8
Wassernapf 24
Wasserspender 22
Weibchen 11
  –, fortpflanzungsfähige 58
  –, trächtige 58
Wunden 57

Z

Zähmen 24
Zähneknirschen 37
Zahnprobleme 56
Zehen 15
Zucht 58
Zugluft 20

Die Inhalte dieses Buch beziehen sich auf die Bestimmungen des deutschen Tier- bzw. Artenschutzes. In anderen Ländern können die Angaben abweichend sein. Erkundigen Sie sich daher im Zweifelsfall bei Ihrem Zoofachhändler oder bei der entsprechenden Behörde.

Adressen

› Verein der Rattenliebhaber und -halter in Deutschland e. V. (VdRD), Bergstr. 6, 73249 Wernau, www.vdrd.de, Notfallvermittlung von Ratten unter: notratz@vdrd.de
› Interessengemeinschaft Farbratten Berlin, Katrin Klauschke, Imkerweg 36, 12527 Berlin, www.ig-farbratten-berlin.de

Wichtiger **Hinweis**

› Stromschlag Anknabbern von Elektrokabeln gefährdet die Ratten selbst und auch den Menschen.

› Bisswunden Ratten haben ein kräftiges Gebiss. Ihr Biss kann sehr schmerzhaft sein, selbst Handschuhe schützen nicht immer.

› Fruchtbar Um die unkontrollierte Vermehrung zu vermeiden, sollten nur gleichgeschlechtliche Rattengruppen gehalten werden.

› Tiere im Haus Größere Heimtiere wie Hund und Katze betrachten die Nager als Beute, auf kleinere machen Ratten meist selbst Jagd.

› Club der Rattenfreunde Schweiz im Schweizer Tierschutz (STS), www.rattenclub.ch
› Tierärztliche Vereinigung für Tierschutz e. V. (TVT), Geschäftsstelle: Bramscher Allee 5, 49565 Bramsche, www.tierschutz-tvt.de
› Deutscher Tierschutzbund e. V., In der Raste 10, 53129 Bonn, Tel. 02 28/60 49 60, www.tierschutzbund.de, E-Mail: bg@tierschutzbund.de
› Österreichischer Tierschutzverein, Berlagasse 36, A-1210 Wien, Tel. 00 43/1/8 97 33 46, www.tierschutzverein.at
› Schweizer Tierschutz (STS), Dornacher Str. 101, CH-4018 Basel, Tel. 00 41/61/3 65 99 99, www.tierschutz.com

Internetadressen

Auf diesen Internetseiten finden Sie Wissenswertes zur Biologie und zum Verhalten von Ratten und viele Infos und Tipps zur Haltung, Pflege, Ernährung, Krankheitsvorsorge und zur Zucht. In Chatrooms und Foren können Sie sich mit anderen Rattenliebhabern austauschen.

› www.rattenwelt.de
› www.ratside.de
› www.rattenforum.de
› www.rattenzauber.de
› www.farbratten.de
› www.nagetierforum.de
› www.ratte.ch
› www.rattengruft.at.tf
› www.rattenhausen.de

Literatur

› Ewringmann, Anja/Glöckner, Barbara: Leitsymptome bei Hamster, Ratte, Maus, Rennmaus. Enke-Verlag, Stuttgart
› Olbrich, Erhard/Otterstedt, Carola: Menschen brauchen Tiere. Franckh-Kosmos, Stuttgart
› Otterstedt, Carola: Tiere als therapeutische Begleiter. Franckh-Kosmos, Stuttgart

Zeitschriften

› Ein Herz für Tiere. Ein Herz für Tiere Media GmbH, Ismaning
› Rodentia. Fachmagazin über Kleinsäuger. Natur und Tier-Verlag, Münster

Fragen zur Haltung

beantworten Ihr Zoofachhändler und der Zentralverband Zoologischer Fachbetriebe Deutschlands e. V. (ZZF), www.zzf.de, Online-Portal des ZZF: www.my-pet.org, Tel. 06 11 / 44 75 53 32 (Mo 12-16 Uhr, Do 8-12 Uhr)

Tierarzt

Rattenvereine und Rattenfreunde helfen neuen Haltern gerne bei der Suche nach Tierärzten mit Erfahrung in der Behandlung von Ratten. Über den Verein für Rattenliebhaber und -halter in Deutschland (VdRD, → Anschrift links) erhalten Sie Adressen geeigneter Tierärzte in Ihrer Nähe. Anfragen unter info@vdrd.de. Bitte die Angabe des eigenen Wohnorts nicht vergessen.

Die werden Sie auch lieben.

MEERSCHWEINCHEN
So fühlen sie sich rundum wohl

ISBN 978-3-8338-3639-8

PETER FRITZSCHE

HAMSTER
Pflege-Einmaleins
für kleine Solokünstler

ISBN 978-3-8338-4848-3

ZWERGKANINCHEN
Glücklich durchs Leben doppeln

ISBN 978-3-8338-3634-3

ZWERGHAMSTER
Das Rundum-Sorglos-Paket
für kleine Nachtschwärmer

ISBN 978-3-8338-3801-9

ENGELBERT KÖTTER

RENNMÄUSE
Gesund und flink auf den Beinen

ISBN 978-3-8338-4847-6

KANINCHEN
IM AUSSENGEHEGE
Pures Frischluft-Vergnügen

ISBN 978-3-8338-3640-4

 Alle hier vorgestellten Bücher
sind auch als eBook erhältlich.

Mehr von GU auf **www.gu.de** und
facebook.com/gu.verlag

GU
Willkommen im Leben.

Der Autor

Dr. Gerd Ludwig ist freier Journalist und Zoologe. Für den Gräfe und Unzer Verlag hat er bereits mehrere Praxis-Ratgeber geschrieben.

Die Fotografin

Regina Kuhn ist freie Fotodesignerin und arbeitet als Bildautorin für renommierte Verlage und Zeitschriften im Bereich der Tierfotografie.

Dank

Autor und Verlag danken der Tierärztin Alexandra Beißwenger für die kritische Durchsicht des Textes. Fotografin und Verlag danken Zoo & Angler Center, Eisenach; Zoo Schwarzkopf, Eisenach; Carla Cronauer, Baden-Baden; Rebekka Lehmann, Herleshausen, und Sally und Lilli Matern, Hochdorf.

Syndication:

www.seasons.agency

© 2016
GRÄFE UND UNZER VERLAG GmbH, München
Aktaulisierte Neuausgabe von Ratten, GRÄFE UND UNZER VERLAG GmbH, 2007,
ISBN 978-3-8338-0582-0

Projektleitung: Anita Zellner
Lektorat: Gabriele Linke-Grün
Bildredaktion: Adriane Andreas, Petra Ender (Cover)
Umschlaggestaltung und Layout: independent Medien-Design, Horst Moser, München
Herstellung: Bettina Häfele, Martina Koralewska
Satz und Repro: Longo AG, Bozen
Druck und Bindung: Schreckhase, Spangenberg

Printed in Germany

ISBN 978-3-8338-5507-8

1. Auflage 2016

 www.facebook.com/gu.verlag

Liebe Leserin, lieber Leser,

haben wir Ihre Erwartungen erfüllt? Sind Sie mit diesem Buch zufrieden? Haben Sie weitere Fragen zu diesem Thema? Wir freuen uns auf Ihre Rückmeldung, auf Lob, Kritik und Anregungen, damit wir für Sie immer besser werden können.

GRÄFE UND UNZER Verlag
Leserservice
Postfach 86 03 13
81630 München
E-Mail:
leserservice@graefe-und-unzer.de

Telefon: 00800 / 72 37 33 33*
Telefax: 00800 / 50 12 05 44*
Mo–Do: 9.00 – 17.00 Uhr
Fr: 9.00 – 16.00 Uhr
(* gebührenfrei in D, A, CH)

Ihr GRÄFE UND UNZER Verlag
Der erste Ratgeberverlag – seit 1722.

Umwelthinweis

Dieses Buch ist auf PEFC-zertifiziertem Papier aus nachhaltiger Waldwirtschaft gedruckt.

GRÄFE
UND
UNZER

Ein Unternehmen der
GANSKE VERLAGSGRUPPE